FORMELSAMMLUNG

für Gymnasien

MATHEMATIK

Physik · Chemie

Heinz Klaus Strick
Bernd Wurl

Schroedel

Mengenverknüpfungen und wichtige Gesetze

Die **Vereinigungsmenge**
$A \cup B$ (A vereinigt mit B)

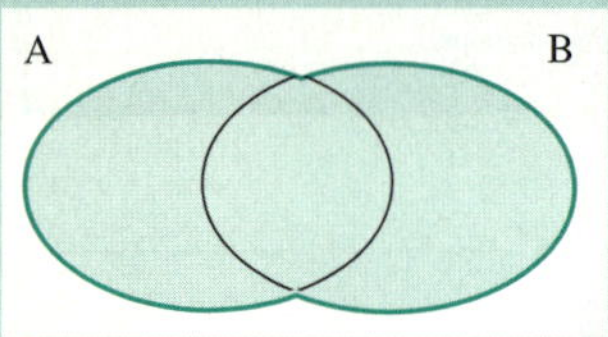

$A \cup B = \{x | x \in A \vee x \in B\}$

Die **Schnittmenge $A \cap B$**
(A geschnitten mit B)

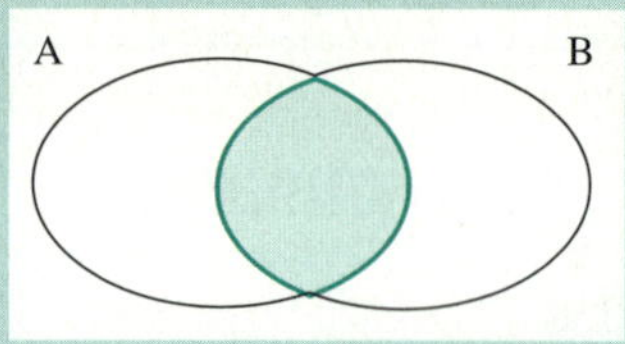

$A \cap B = \{x | x \in A \wedge x \in B\}$

Die **Differenzmenge $A \setminus B$**
(A ohne B)

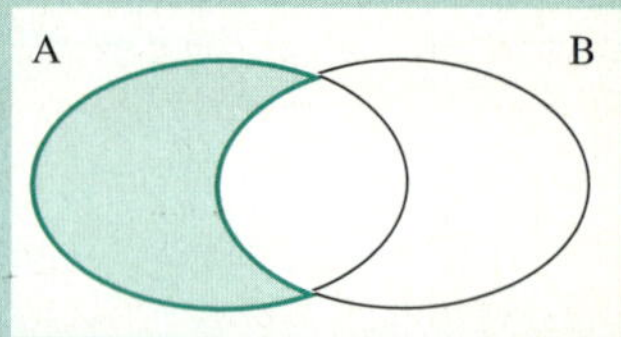

$A \setminus B = \{x | x \in A \wedge x \notin B\}$

Gesetze

Kommutativgesetze:	$A \cap B = B \cap A$	$A \cup B = B \cup A$
Assoziativgesetze:	$A \cup (B \cup C) = (A \cup B) \cup C$	$A \cap (B \cap C) = (A \cap B) \cap C$
Distributivgesetze:	$A \cup (B \cap C) = (A \cup B) \cap (A \cup C)$	$A \cap (B \cup C) = (A \cap B) \cup (A \cap C)$
DeMORGANsche Gesetze:	$A \setminus (B \cap C) = (A \setminus B) \cup (A \setminus C)$	$A \setminus (B \cup C) = (A \setminus B) \cap (A \setminus C)$

Die Menge $\mathbb{R}$ und wichtige Teilmengen

$\mathbb{N} = \{0, 1, 2, 3, 4, \ldots\}$	Menge der natürlichen Zahlen
$\mathbb{N}^* = \{1, 2, 3, 4, 5, \ldots\}$	Menge der natürlichen Zahlen ohne Null (nach DIN)
$\mathbb{Z} = \{\ldots, -2, -1, 0, 1, 2, \ldots\}$	Menge der ganzen Zahlen
$\mathbb{Q} = \left\{ \frac{a}{b} \middle| a \in \mathbb{Z} \wedge b \in \mathbb{N}^* \right\}$	Menge der rationalen Zahlen (darstellbar als abbrechende oder periodische Dezimalbrüche)
$\mathbb{R}$	Menge der reellen Zahlen (darstellbar als Dezimalbrüche)
$\mathbb{R} \setminus \mathbb{Q}$	Menge der irrationalen Zahlen (darstellbar als nicht-periodische, nicht-abbrechende Dezimalbrüche)
$\mathbb{Z}^*$ ($\mathbb{Q}^*$, $\mathbb{R}^*$)	Menge der ganzen (rationalen, reellen) Zahlen ohne Null

Intervalle sind spezielle Teilmengen von $\mathbb{R}$.

abgeschlossenes Intervall von a bis b

$[a, b] = \{x \in \mathbb{R} \mid a \leq x \leq b\}$

rechtsoffenes Intervall von a bis b

$[a, b[= \{x \in \mathbb{R} \mid a \leq x < b\}$

offenes Intervall von a bis b

$]a, b[= \{x \in \mathbb{R} \mid a < x < b\}$

offenes Intervall von $-\infty$ bis a

$]-\infty, a[= \{x \in \mathbb{R} \mid x < a\}$

Rechenoperationen

Addition

a	+	b	=	c
Summand		Summand		Summe

Multiplikation

a	·	b	=	c
Faktor		Faktor		Produkt

Subtraktion

a	–	b	=	c
Minuend		Subtrahend		Differenz

Division

a	:	b	=	c
Dividend		Divisor		Quotient

Bruchrechnung

Erweitern	Zähler und Nenner mit der gleichen Zahl multiplizieren.	$\frac{a}{b} = \frac{a \cdot c}{b \cdot c}$
Kürzen	Zähler und Nenner durch die gleiche Zahl dividieren.	$\frac{a}{b} = \frac{a : c}{b : c}$
Addition und Subtraktion	Brüche mit *gleichem* Nenner: Zähler addieren (subtrahieren) und den Nenner beibehalten.	$\frac{a}{b} + \frac{c}{b} = \frac{a + c}{b}$ $\quad \frac{a}{b} - \frac{c}{b} = \frac{a - c}{b}$
	Brüche mit *verschiedenen* Nennern: Durch Erweitern auf einen gemeinsamen Nenner (Hauptnenner) bringen, dann die Brüche mit gleichen Nennern addieren (subtrahieren).	
Multiplikation	Zähler mit Zähler und Nenner mit Nenner multiplizieren.	$\frac{a}{b} \cdot \frac{c}{d} = \frac{a \cdot c}{b \cdot d}$ $\quad \frac{a}{b} \cdot c = \frac{a \cdot c}{b}$
Division	Mit dem Kehrwert multiplizieren.	$\frac{a}{b} : \frac{c}{d} = \frac{a}{b} \cdot \frac{d}{c} = \frac{a \cdot d}{b \cdot c}$ $\quad \frac{a}{b} : c = \frac{a}{b \cdot c}$

Bruch in Dezimalzahl umwandeln: Zähler durch den Nenner dividieren.

Rechnen mit positiven und negativen Zahlen

Betrag einer Zahl:

$$|a| = \begin{cases} a, \text{ wenn } a \geq 0 \\ -a, \text{ wenn } a < 0 \end{cases}$$

(1) $|a + b| \leq |a| + |b|$

(2) $|a + b| \geq \big| |a| - |b| \big|$

Gegenzahl:

Zwei Zahlen heißen Gegenzahlen zueinander, wenn sie denselben Betrag und verschiedene Vorzeichen haben. 0 ist die Gegenzahl zu sich selbst.

Addieren und Subtrahieren

$$a - b = -b + a = \begin{cases} +(a - b) \text{ bei } a > b \\ -(b - a) \text{ bei } b > a \end{cases}$$

$$-a - b = -(a + b)$$

$$a - (-b) = +(a + b)$$

$$-a - (-b) = -a + b$$

Multiplizieren und Dividieren

$$a \cdot (-b) = -ab \qquad a : (-b) = -\frac{a}{b}$$

$$-a \cdot b = -ab \qquad -a : b = -\frac{a}{b}$$

$$-a \cdot (-b) = +ab \qquad -a : (-b) = +\frac{a}{b}$$

Termumformungen, Umformungen von Gleichungen und Ungleichungen

Kommutativgesetze

$a + b = b + a$

$a \cdot b = b \cdot a$

Assoziativgesetze

$a + (b + c) = (a + b) + c$

$a \cdot (b \cdot c) = (a \cdot b) \cdot c$

Distributivgesetze

$a \cdot (b + c) = a \cdot b + a \cdot c$

$a \cdot (b - c) = a \cdot b - a \cdot c$

Multiplikation von Summen

$(a + b) \cdot (c + d) = a \cdot c + a \cdot d + b \cdot c + b \cdot d$

Binomische Formeln

$(a + b)^2 = a^2 + 2ab + b^2$

$(a - b)^2 = a^2 - 2ab + b^2$

$(a + b) \cdot (a - b) = a^2 - b^2$

$(a + b)^3 = a^3 + 3a^2b + 3ab^2 + b^3$

$(a - b)^3 = a^3 - 3a^2b + 3ab^2 - b^3$

$a^3 - b^3 = (a - b) \cdot (a^2 + ab + b^2)$

Äquivalenzumformungen

Zwei Gleichungen (Ungleichungen) mit derselben Grundmenge G und derselben Variablen heißen *äquivalent bezüglich G*, wenn sie dieselbe Lösungsmenge L besitzen.

Folgende Operationen sind Äquivalenzumformungen:

$a = b \Leftrightarrow a + c = b + c$

$a > b \Leftrightarrow a + c > b + c$

$a = b \Leftrightarrow a \cdot c = b \cdot c \quad (c \neq 0)$

$a > b \Leftrightarrow a \cdot c > b \cdot c \quad (c > 0)$

Inversion des Ungleichheitszeichens:

$a > b \Leftrightarrow a \cdot c < b \cdot c \quad (c < 0)$

$a > b \Leftrightarrow \frac{1}{a} < \frac{1}{b} \quad (a, b \in \mathbb{R}_+^*)$

Quadratische Gleichungen

Eine Gleichung der Form $ax^2 + bx + c = 0$ mit $a \neq 0$ heißt quadratische Gleichung. Dividiert man die Gleichung durch a, so erhält man die **Normalform** $x^2 + px + q = 0$.

Die Zahl der Lösungen hängt von der Diskriminanten D ab: $D = \left(\frac{p}{2}\right)^2 - q$

$D > 0$: 2 Lösungen

$x_1 = -\frac{p}{2} + \sqrt{\left(\frac{p}{2}\right)^2 - q}$

$x_2 = -\frac{p}{2} - \sqrt{\left(\frac{p}{2}\right)^2 - q}$

$D = 0$: 1 Lösung

$x = -\frac{p}{2}$.

$D < 0$: keine Lösung

Satz des VIETA: x_1 und x_2 sind genau dann Lösungen der quadratischen Gleichung $x^2 + px + q = 0$, wenn gilt: (1) $x_1 + x_2 = -p$ (2) $x_1 \cdot x_2 = q$

Die quadratische Gleichung lässt sich dann in der Form $(x - x_1)(x - x_2) = 0$ darstellen.

Potenzen und Wurzeln

Potenz a^n (Exponent: n, Basis: a)	$a^1 = a$ $a^2 = a \cdot a$ $a^n = \underbrace{a \cdot a \cdot a \cdot \ldots \cdot a}_{n \text{ Faktoren}}$	Für $a \neq 0$ gilt: $a^0 = 1$ $a^{-n} = \frac{1}{a^n}$	Für $a > 0$ gilt: $a^{\frac{1}{n}} = \sqrt[n]{a}$ $a^{\frac{m}{n}} = \sqrt[n]{a^m} = (\sqrt[n]{a})^m$

Wurzel $\sqrt[n]{a}$ (Wurzelexponent: n, Radikand: a)

Quadratwurzel: $\sqrt[2]{a} = b$ bedeutet, dass $b^2 = a$ $(a > 0, b > 0)$ ist.
Für $\sqrt[2]{a}$ schreibt man $\sqrt{a}$.

Kubikwurzel: $\sqrt[3]{a} = b$ bedeutet, dass $b^3 = a$ $(a > 0)$ ist.

n-te Wurzel: $\sqrt[n]{a} = b$ bedeutet, dass
$b^n = a$ $(a > 0, b > 0, n > 1)$ ist.

Potenzgesetze (für beliebige Exponenten p, r)

gleiche Basis	***gleicher Exponent***	***Potenzieren***
$a^p \cdot a^r = a^{p+r}$	$a^r \cdot b^r = (a \cdot b)^r$	$(a^p)^r = a^{p \cdot r}$
$a^p : a^r = a^{p-r}$	$a^r : b^r = \left(\frac{a}{b}\right)^r$	

Wurzelgesetze als Spezialfall der Potenzgesetze

$\sqrt[n]{a^n} = \left(\sqrt[n]{a}\right)^n = a$ $\quad \left(\sqrt[n]{a}\right)^m = \sqrt[n]{a^m}$ $\quad \sqrt[n]{a} \cdot \sqrt[n]{b} = \sqrt[n]{ab}$ $\quad \sqrt[n]{a} : \sqrt[n]{b} = \sqrt[n]{\frac{a}{b}}$ $\quad \sqrt[m]{\sqrt[n]{a}} = \sqrt[m \cdot n]{a}$

Logarithmen

$\log_a b$
Logarithmus der Zahl b zur Basis a

$\log_a b = c$ bedeutet $a^c = b$ $(a > 0, a \neq 1, b > 0)$

Für alle $a > 0, a \neq 1$ gilt: $\log_a 1 = 0$

Logarithmengesetze

(1) $\log_a (b \cdot c) = \log_a b + \log_a c$

(2) $\log_a (b : c) = \log_a b - \log_a c$ *Sonderfall:* $\log_a \frac{1}{c} = -\log_a c$

(3) $\log_a (b^r) = r \cdot \log_a b$ *Sonderfall:* $\log_a (\sqrt[n]{b}) = \frac{1}{n} \cdot \log_a b$

Zehnerlogarithmus: $\log_{10} b = \lg b$ (übliche Tastenbezeichnung auf dem TR: log)

natürlicher Logarithmus: $\log_e b = \ln b$
mit $e = 2{,}718281 \ldots$

Berechnung von beliebigen Logarithmen

Für alle $a, b, c > 0$ und $a \neq 1, c \neq 1$ gilt:

$\log_a b = \frac{\log_c b}{\log_c a}$, also speziell auch $\log_a b = \frac{\lg b}{\lg a} = \frac{\ln b}{\ln a}$

Prozentrechnung

$P = G \cdot \frac{p}{100}$ G = Grundwert   P = Prozentwert $p\% = \frac{p}{100}$ = Prozentsatz

vermehrter (verminderter) Grundwert nach prozentualem Zuschlag (Abschlag):

$E = G \cdot \left(1 \pm \frac{p}{100}\right)$ G = Grundwert
E = Endwert

Bei Benutzung von Taschenrechnern ist es sinnvoll, Prozentsätze als Dezimalzahlen zu schreiben.

Zinsrechnung

	Jahreszinsen	*Tageszinsen*	*Monatszinsen*
K = Kapital	i = Zeit in Jahren	t = Zeit in Tagen	m = Zeit in Monaten
Z = Zinsen			
$p\% = \frac{p}{100}$ = Zinssatz	$Z = \frac{K \cdot i \cdot p}{100}$	$Z = \frac{K \cdot t \cdot p}{100 \cdot 360}$	$Z = \frac{K \cdot m \cdot p}{100 \cdot 12}$

1 Jahr = 12 Monate = 360 Zinstage   1 Monat = 30 Zinstage

Zinseszins/Wachstumsprozesse

K_0 = Anfangskapital/-wert

K_n = Kapital/Wert nach n Jahren/Schritten

n = Anzahl der Jahre/Schritte

$p\% = \frac{p}{100}$ = Zinssatz/prozentuale Änderung

q = Zins-/Wachstumsfaktor

Zunahme/Wachstum	*Abnahme/Zerfall*
$q = 1 + \frac{p}{100}$	$q = 1 - \frac{p}{100}$
$K_n = K_0 \cdot q^n$	$K_n = K_0 \cdot q^n$
$K_n = K_0 \cdot \left(1 + \frac{p}{100}\right)^n$	$K_n = K_0 \cdot \left(1 - \frac{p}{100}\right)^n$

Rentenformeln, Schuldentilgungsformel

(1) Regelmäßige Einzahlung des Betrages r am Jahresende $K_n = \frac{r\,(q^n - 1)}{q - 1}$

(2) Regelmäßige Einzahlung des Betrages r am Jahresanfang $K_n = \frac{rq\,(q^n - 1)}{q - 1}$

(3) Vermehrung (Verminderung) eines Kapitals K durch regelmäßige Zuzahlung (Abhebung) eines festen Betrages r am Jahresende $K_n = K \cdot q^n \underset{(-)}{+} \frac{r\,(q^n - 1)}{q - 1}$

(4) Vermehrung (Verminderung) eines Kapitals K durch regelmäßige Zuzahlung (Abhebung) eines festen Betrages r am Jahresanfang $K_n = K \cdot q^n \underset{(-)}{+} \frac{rq\,(q^n - 1)}{q - 1}$

(5) Tilgung eines Darlehens D durch regelmäßige Ratenzahlung r am Jahresende $r = \frac{D \cdot q^n\,(q - 1)}{q^n - 1}$

Winkel

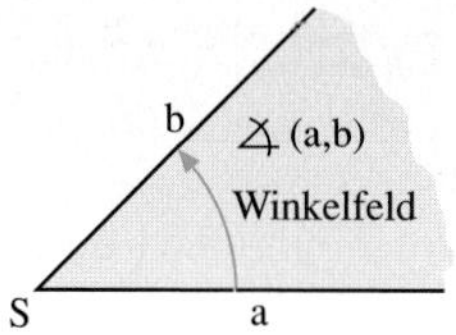

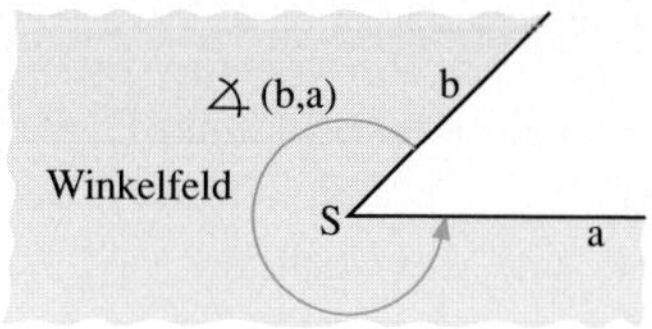

spitzer Winkel	*rechter Winkel*	*stumpfer Winkel*	*gestreckter Winkel*	*überstumpfer Winkel*
$0° < \alpha < 90°$	$\alpha = 90°$	$90° < \alpha < 180°$	$\alpha = 180°$	$\alpha > 180°$

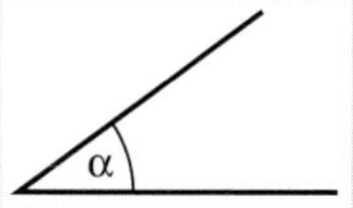

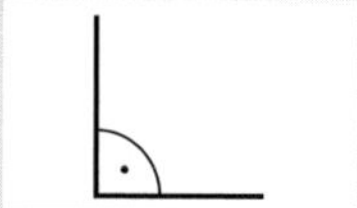

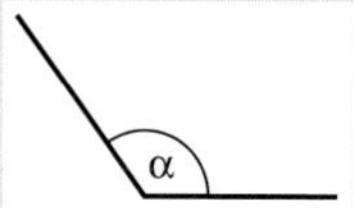

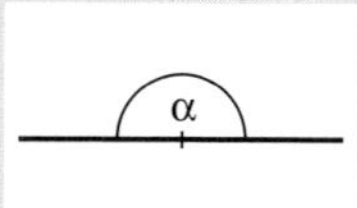

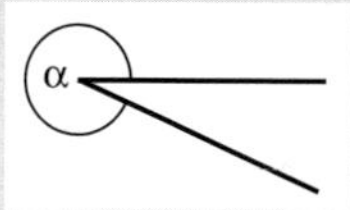

Nebenwinkel	*Scheitelwinkel*	*Stufenwinkel*	*Wechselwinkel*
$\alpha + \beta = 180°$	$\alpha = \beta$	$\alpha = \beta$ und $\gamma = \delta$	$\alpha = \beta$ und $\gamma = \delta$

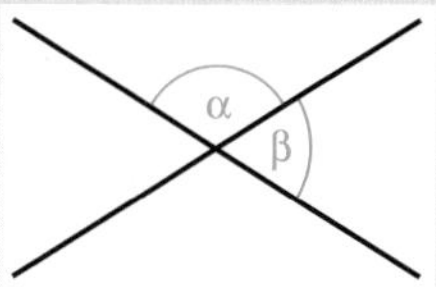

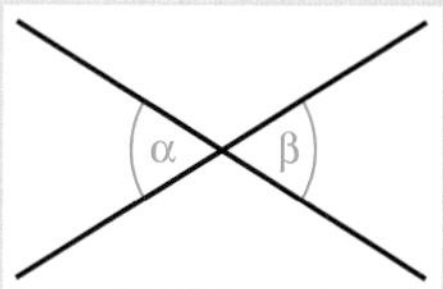

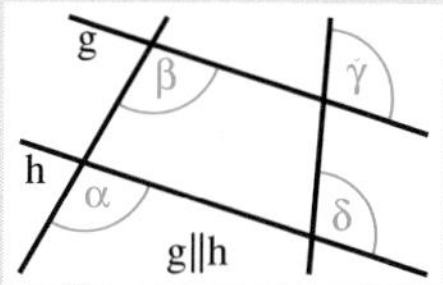

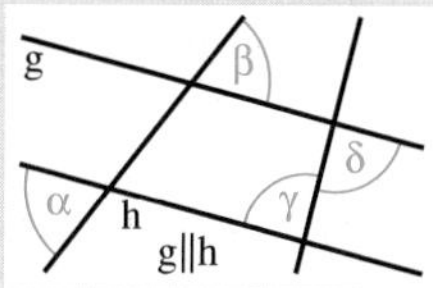

Winkelsumme

Dreieck

Die Winkelsumme beträgt 180°.

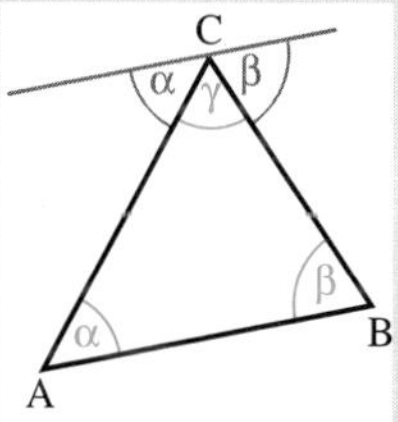

$\alpha + \beta + \gamma = 180°$

Viereck

Die Winkelsumme beträgt 360°.

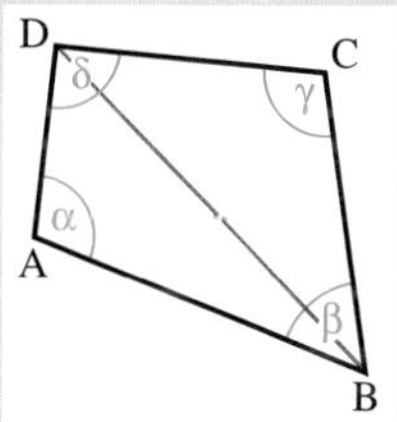

$\alpha + \beta + \gamma + \delta = 360°$

n-Eck

Die Winkelsumme beträgt $(n - 2) \cdot 180°$.

$n = 3, 4, 5, \ldots$

Kongruenz von Dreiecken

Zwei Dreiecke sind kongruent, wenn in ihnen folgende Stücke kongruent sind:

(1) eine Seite und die anliegenden Winkel (WSW) oder
(2) zwei Seiten und der eingeschlossene Winkel (SWS) oder
(3) die drei Seiten (SSS) oder
(4) zwei Seiten und der Gegenwinkel der größeren von beiden (SSW_g).

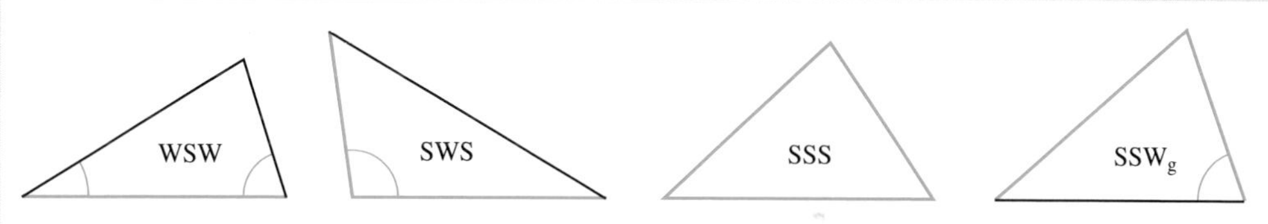

Kongruenzabbildungen

Achsenspiegelung

Gegeben: Eine Gerade s (*Spiegelachse*). Für einen Punkt P und seinen Bildpunkt P′ gilt:

$P \notin s$: (1) $\overline{PP'} \perp s$
(2) $\overline{PP'}$ wird von s halbiert

$P \in s$: $P = P'$

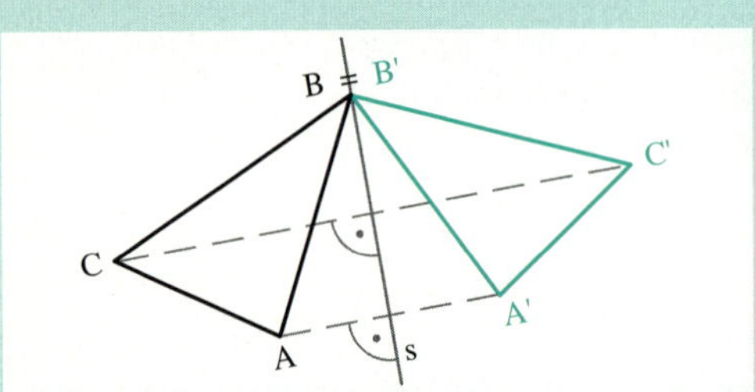

Achsensymmetrie

s heißt *Symmetrieachse* einer Figur, wenn die Figur bei Spiegelung an s auf sich selbst abgebildet wird.
Eine Figur mit mindestens einer Symmetrieachse heißt *achsensymmetrisch.*

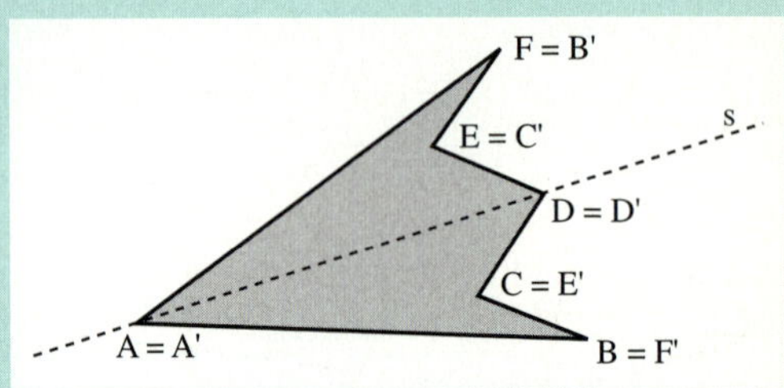

Punktspiegelung

Gegeben: Ein Punkt Z (*Zentrum*).
Für einen Punkt P und seinen Bildpunkt P′ gilt:
(1) Z liegt auf $\overline{PP'}$
(2) $\overline{PP'}$ wird von Z halbiert
Z ist Fixpunkt der Abbildung: Z = Z′

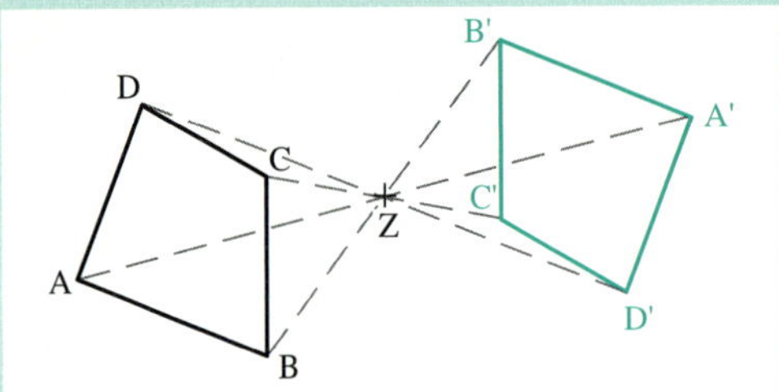

Punktsymmetrie

Z heißt *Symmetriezentrum* einer Figur, wenn die Figur bei Spiegelung an Z auf sich selbst abgebildet wird.
Eine Figur mit einem Symmetriezentrum heißt *punktsymmetrisch.*

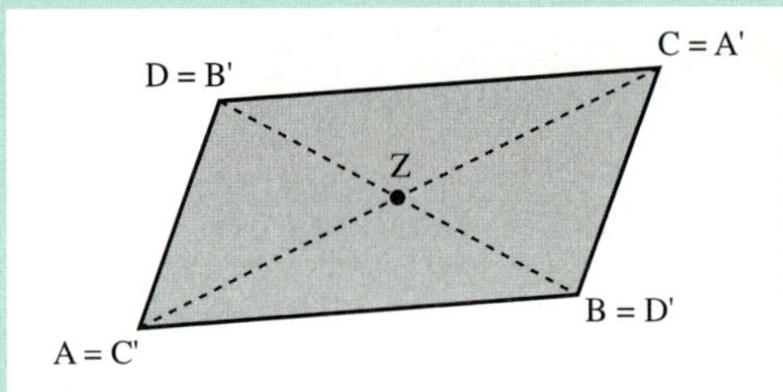

Drehung

Gegeben: Ein Punkt Z (*Drehzentrum*) und ein Winkel α (*Drehwinkel*).
Für einen Punkt P und seinen Bildpunkt P′ gilt:

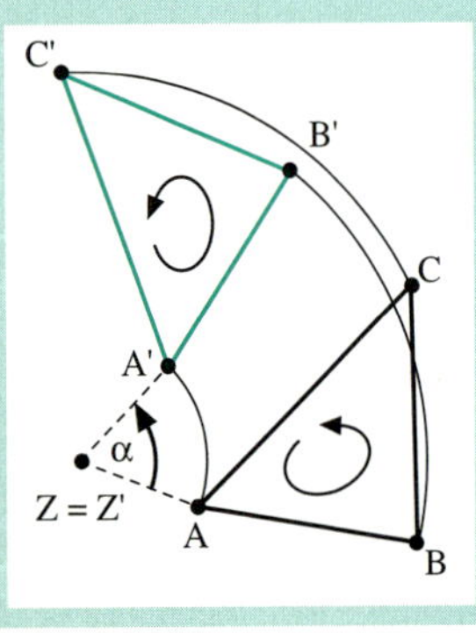

(1) $\overline{ZP}$ und $\overline{ZP'}$ sind gleichlang
(2) ∢ PZP′ = α
Z ist Fixpunkt der Abbildung: Z = Z′

Drehung als Doppelspiegelung

Jede Drehung kann ersetzt werden durch eine Doppelspiegelung an zwei Geraden s_1 und s_2, die sich in Z schneiden und deren Schnittwinkel halb so groß wie α ist.

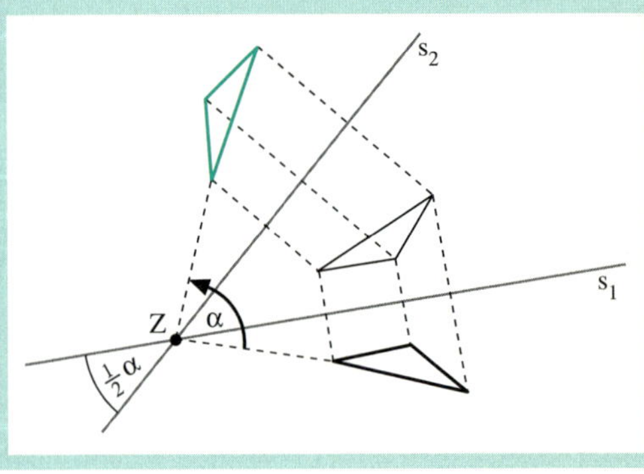

Verschiebung

Gegeben: Eine Richtung und eine Länge (Ein Verschiebungsvektor $\vec{v}$)

Für einen Punkt P und seinen Bildpunkt P′ gilt: $\overrightarrow{PP'} = \vec{v}$

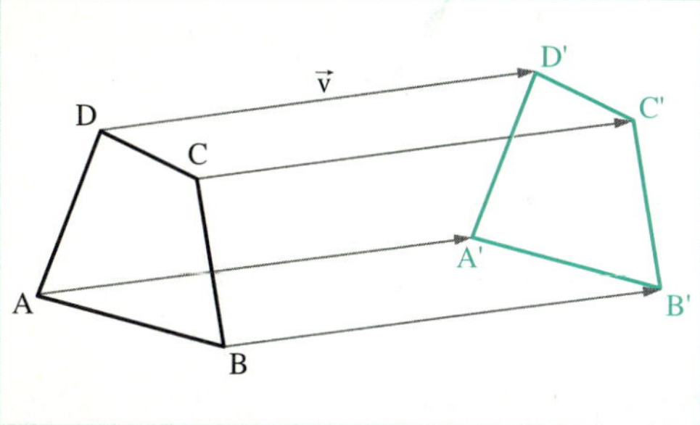

Verschiebung als Doppelspiegelung

Jede Verschiebung kann ersetzt werden durch eine Doppelspiegelung an zwei parallelen Geraden s_1 und s_2, die senkrecht zu $\vec{v}$ sind. Der Abstand von s_1 und s_2 beträgt die halbe Länge von $\vec{v}$.

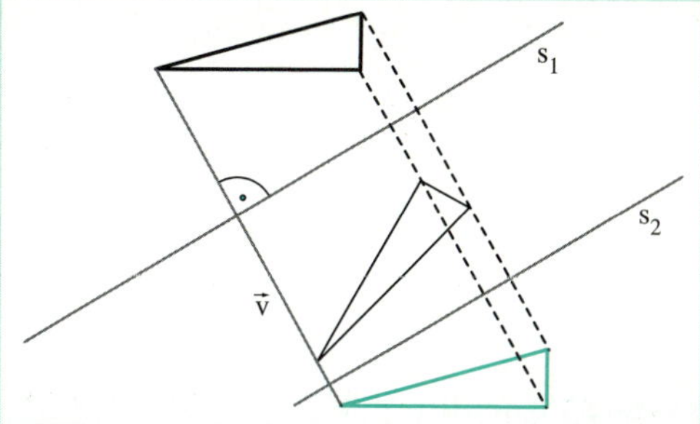

Besondere Linien und Punkte im Dreieck

Mittelsenkrechte und Umkreis

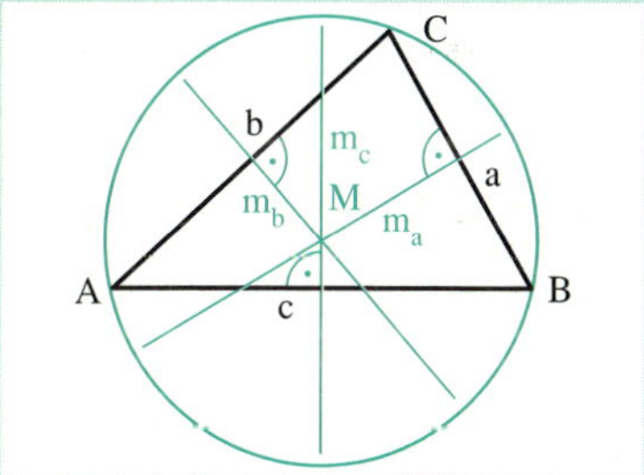

Die drei Mittelsenkrechten schneiden sich in einem Punkt M. Er ist der Mittelpunkt des Umkreises.

Winkelhalbierende und Inkreis

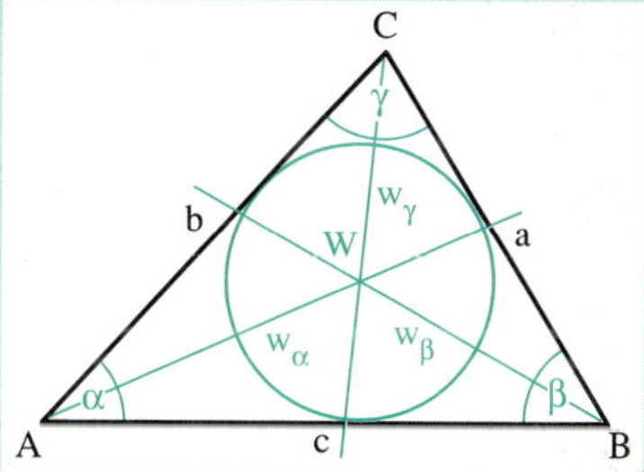

Die drei Winkelhalbierenden schneiden sich in einem Punkt W. Er ist der Mittelpunkt des Inkreises.

Höhen

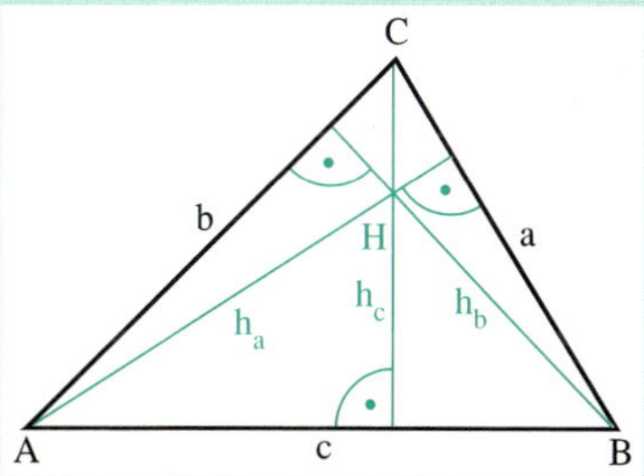

Die drei Höhen schneiden sich in einem Punkt H (Höhenschnittpunkt).

Seitenhalbierende

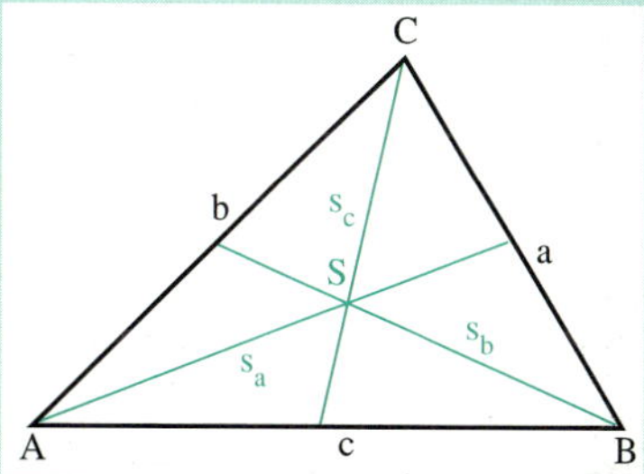

Die drei Seitenhalbierenden schneiden sich in einem Punkt S. Er ist der Schwerpunkt des Dreiecks.

Kreise und Geraden

Kreis

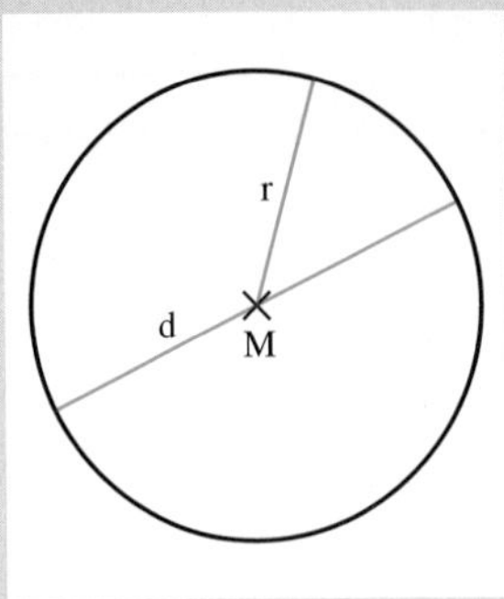

M: Mittelpunkt
r: Radius
d: Durchmesser

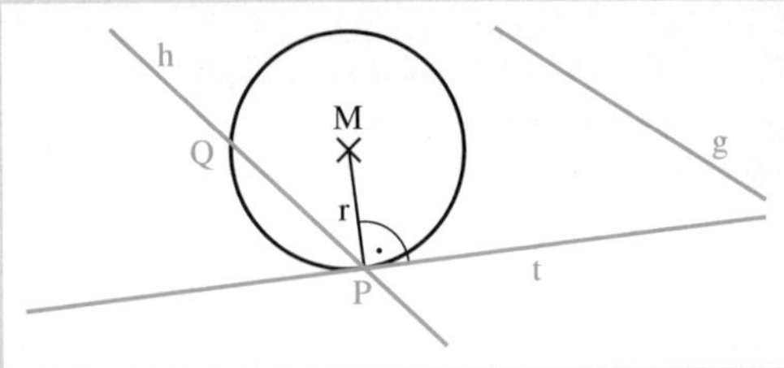

Passanten
Geraden, die den Kreis nicht schneiden (g).

Sekanten
Geraden, die den Kreis in zwei Punkten P und Q schneiden (h). $\overline{PQ}$ heißt ***Sehne.***

Tangenten
Geraden, die den Kreis in einem Punkt berühren (t). Es gilt t ⊥ r.

Winkel am Kreis

Mittelpunkts-, Umfangs-, und Sehnentangentenwinkel

$\overline{AB}$ Sehne des Kreises k

α: Umfangswinkel über der Sehne $\overline{AB}$
β: Mittelpunktswinkel zur Sehne $\overline{AB}$
γ: Sehnentangentenwinkel zur Sehne $\overline{AB}$

Satz:

Alle Umfangswinkel α über einer Sehne $\overline{AB}$ sind gleich groß, und zwar genauso groß wie der zugehörige Sehnentangentenwinkel γ und halb so groß wie der Mittelpunktswinkel β zur Sehne $\overline{AB}$.

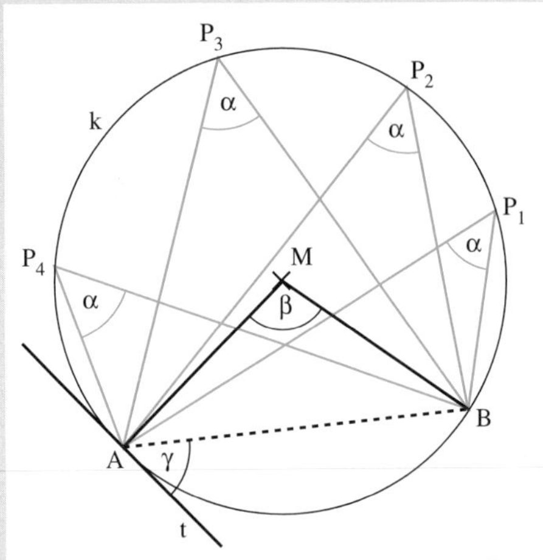

Satz des Thales

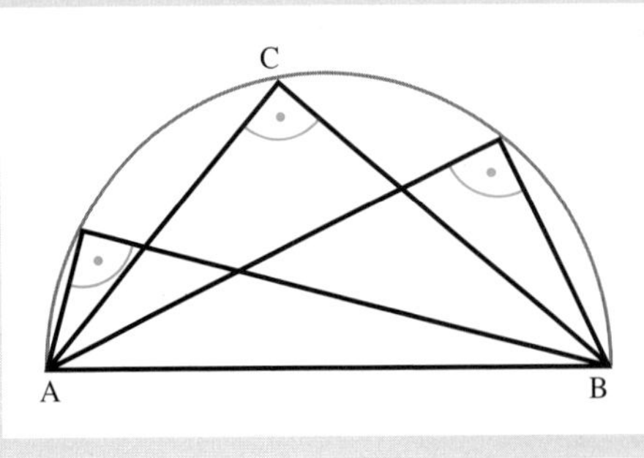

(1) Liegt C auf dem Halbkreis über der Strecke $\overline{AB}$, so ist ∢ ACB ein rechter Winkel. (Satz des Thales)

(2) Hat das Dreieck ABC bei C einen rechten Winkel, so liegt C auf dem Halbkreis über $\overline{AB}$. (Umkehrung)

Flächensätze am rechtwinkligen Dreieck

Satz des PYTHAGORAS: Sind a und b die Katheten eines rechtwinkligen Dreiecks und c seine Hypotenuse, so gilt:

$$a^2 + b^2 = c^2$$

Umkehrung: Sind a, b und c Seiten eines Dreiecks und gilt $a^2 + b^2 = c^2$, so ist der Winkel zwischen a und b ein rechter.

Sind a, b und c Seiten eines Dreiecks und ist der Winkel zwischen a und b stumpf (spitz), so gilt $a^2 + b^2 < c^2$ ($a^2 + b^2 > c^2$) und umgekehrt.

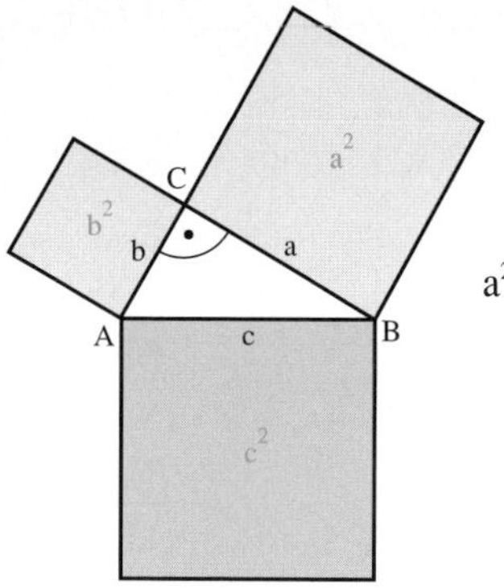

$$a^2 + b^2 = c^2$$

Kathetensatz:

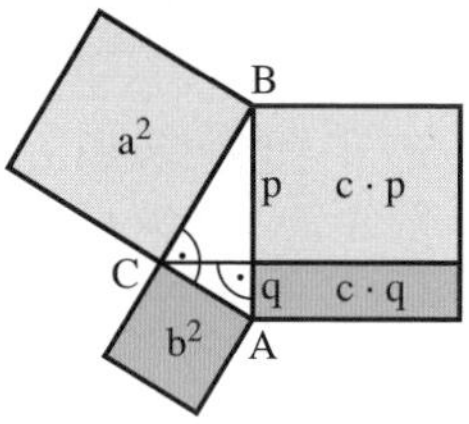

$$a^2 = c \cdot p$$
$$b^2 = c \cdot q$$

Höhensatz:

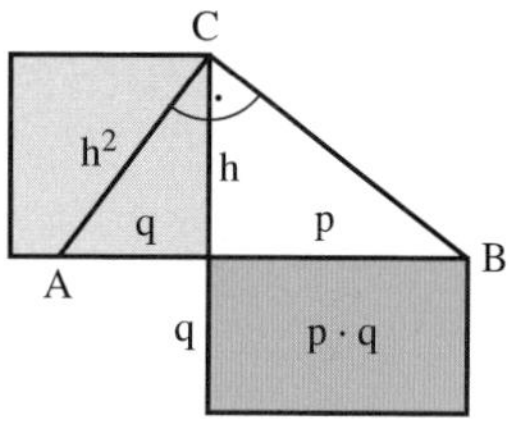

$$h^2 = p \cdot q$$

Dreiecke

allgemein

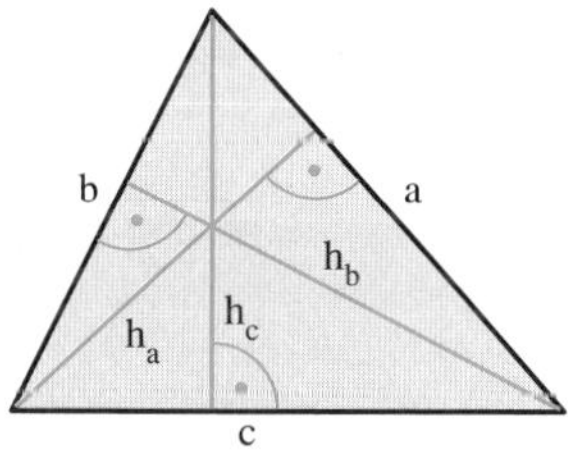

$$A = \frac{c \cdot h_c}{2} = \frac{b \cdot h_b}{2} = \frac{a \cdot h_a}{2}$$

$$A = \frac{g \cdot h}{2} \quad \text{(allgemein)}$$

$$u = a + b + c$$

HERONsche Formel:

$$A = \sqrt{s\,(s-a)\,(s-b)\,(s-c)}, \quad \text{mit } s = \frac{1}{2}\,(a+b+c)$$

gleichschenkliges Dreieck

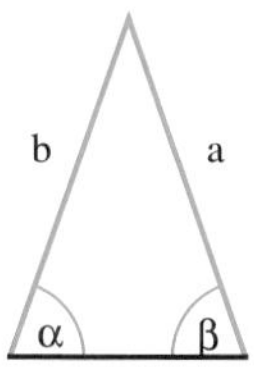

1 Symmetrieachse

$a = b$

$\alpha = \beta$ (Basiswinkel)

$h_c = \sqrt{a^2 - \left(\frac{c}{2}\right)^2}$

$A = \frac{c \cdot h_c}{2}$ $u = 2a + c$

gleichseitiges Dreieck

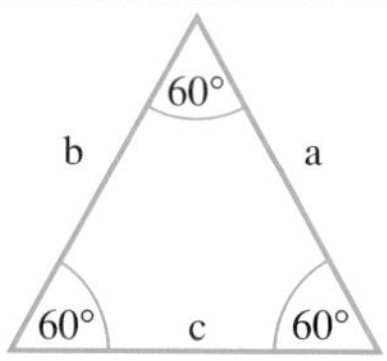

3 Symmetrieachsen

$a = b = c$

$\alpha = \beta = \gamma = 60°$

$h = \frac{a}{2}\sqrt{3}$

$A = \frac{a^2}{4}\sqrt{3}$ $u = 3a$

rechtwinkliges Dreieck

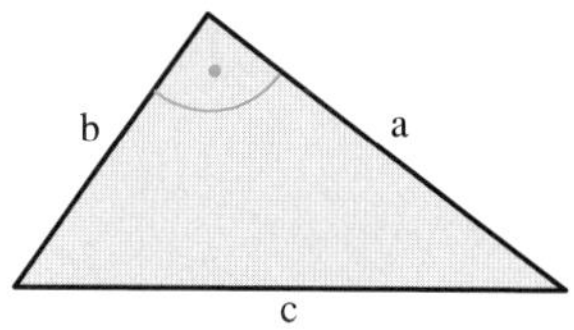

Ein Winkel ist 90°.

$A = \frac{a \cdot b}{2}$ $u = a + b + c$

Vierecke

Quadrat

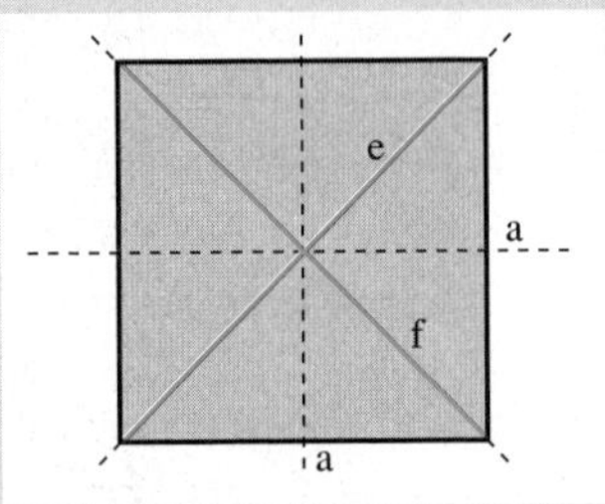

4 gleich lange Seiten
4 rechte Winkel
4 Symmetrieachsen
Diagonalen e und f:
$e = f, \quad e \perp f$
e und f halbieren sich
$A = a^2$

$u = 4a$
$e = a\sqrt{2}$

Rechteck

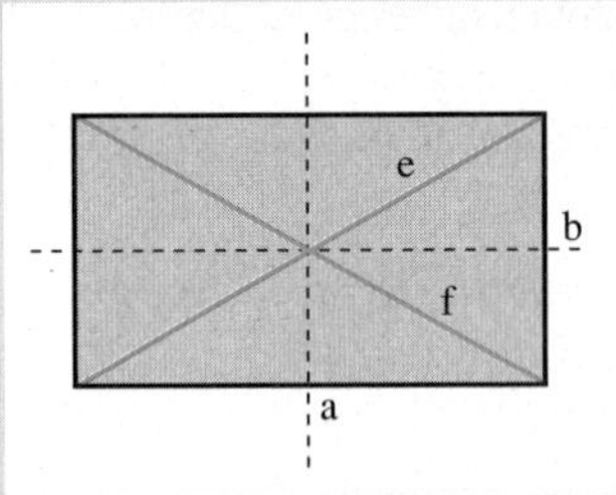

Gegenseiten gleich lang
4 rechte Winkel
2 Symmetrieachsen

$e = f$
e, f halbieren sich
$A = a \cdot b$

$u = 2a + 2b = 2\,(a + b)$
$e = \sqrt{a^2 + b^2}$

Parallelogramm

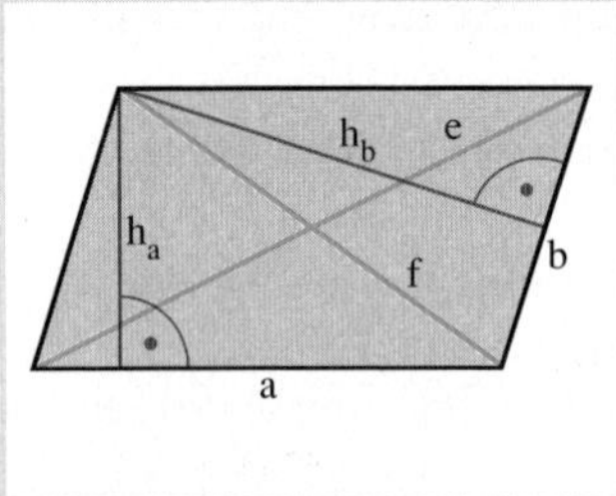

Gegenseiten parallel
punktsymmetrisch zum Schnittpunkt der Diagonalen e, f
e, f halbieren sich
$\alpha = \gamma; \quad \beta = \delta; \quad \alpha + \beta = 180°$
$A = a \cdot h_a = b \cdot h_b$
$A = g \cdot h$ (allgemein)
$u = 2a + 2b = 2\,(a + b)$
$e^2 + f^2 = 2\,(a^2 + b^2)$

Raute

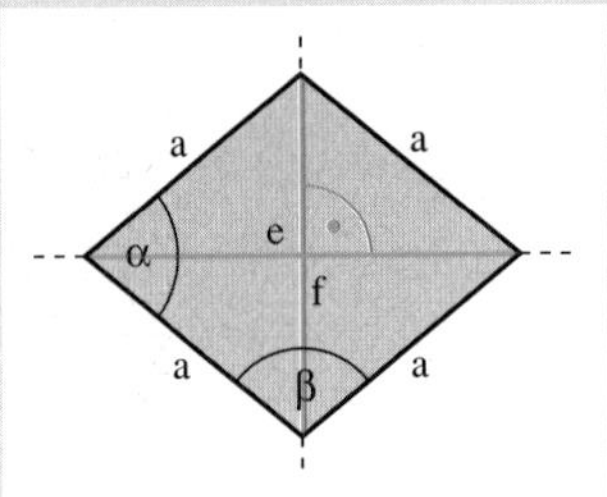

4 gleich lange Seiten
2 Symmetrieachsen
$e \perp f$
e und f halbieren sich
$A = \frac{e \cdot f}{2}$
$u = 4a$
$e = a\sqrt{2}$

Drachenviereck

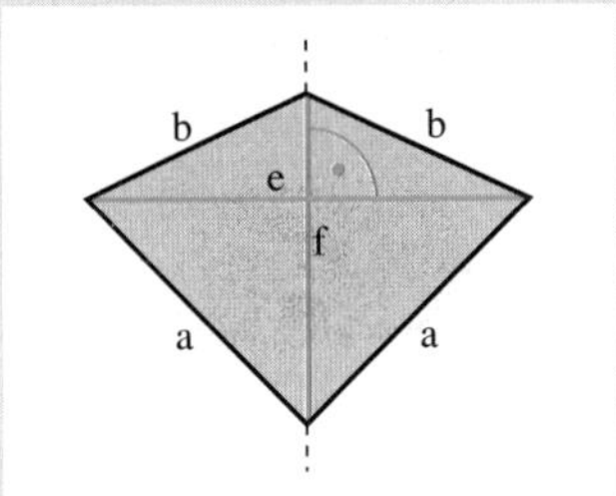

1 Symmetrieachse
$e \perp f$
e wird durch f halbiert
$A = \frac{e \cdot f}{2}$
$u = 2a + 2b = 2\,(a + b)$

Trapez

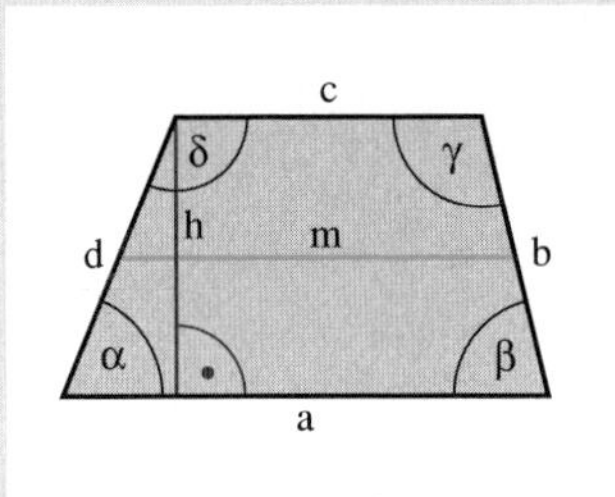

Grundseiten parallel

$\alpha + \delta = \beta + \gamma = 180°$

$A = \frac{a + c}{2} \cdot h = m \cdot h$
$u = a + b + c + d$

Sehnenviereck

Alle Eckpunkte liegen auf einem Kreis.

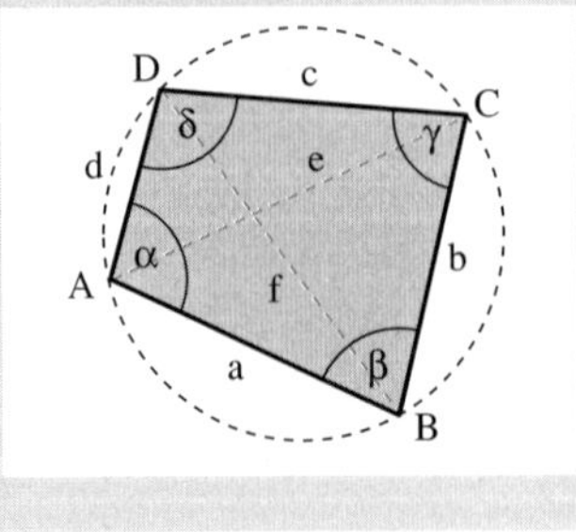

$\alpha + \gamma = \beta + \delta = 180°$
$u = a + b + c + d$
$ac + bd = ef$ (Satz des PTOLEMÄUS)
$A = \sqrt{(s-a)(s-b)(s-c)(s-d)}$,
mit
$s = \frac{1}{2}u = \frac{1}{2}(a + b + c + d)$
(HERONsche Formel)

Umfang und Inhalt des regelmäßigen n-Ecks

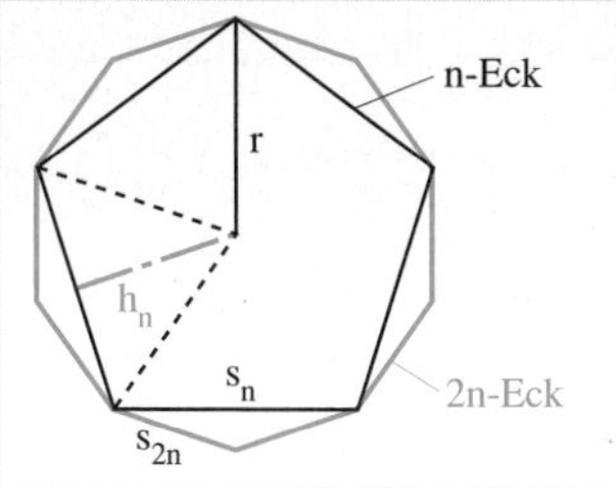

Sind r und s_n bekannt (siehe nebenstehende Tabelle), so berechnet sich s_{2n} nach folgender Formel:

$$s_{2n} = \sqrt{2r^2 - r\sqrt{4r^2 - s_n^2}}$$

n	Seitenlänge s_n
3	$r\sqrt{3}$
4	$r\sqrt{2}$
5	$\frac{r}{2}\sqrt{10 - 2\sqrt{5}}$
6	r

Der Flächeninhalt des n-Ecks ist die Summe der Inhalte von n kongruenten Dreiecken. Für diese Dreiecke gilt:

$$g_n = s_n \qquad h_n = \sqrt{r^2 - \left(\frac{s_n}{2}\right)^2} \qquad A_n = n \cdot \frac{s_n \cdot \sqrt{r^2 - \left(\frac{s_n}{2}\right)^2}}{2}$$

Flächeninhalts- und Umfangsberechnungen an Kreis und Ellipse

Kreis

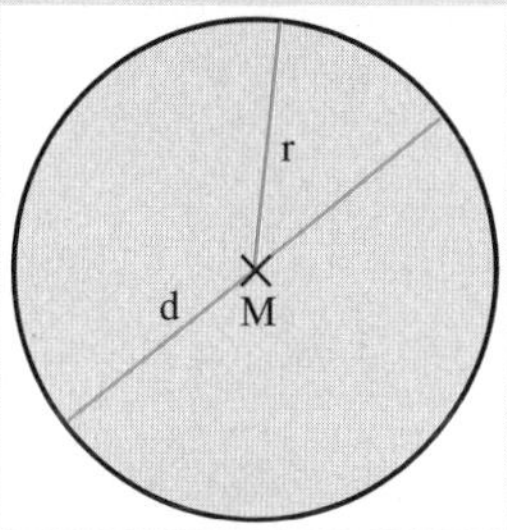

$$d = 2r$$
$$A = \pi r^2$$
$$u = 2\pi r = \pi \cdot d$$

Ellipse

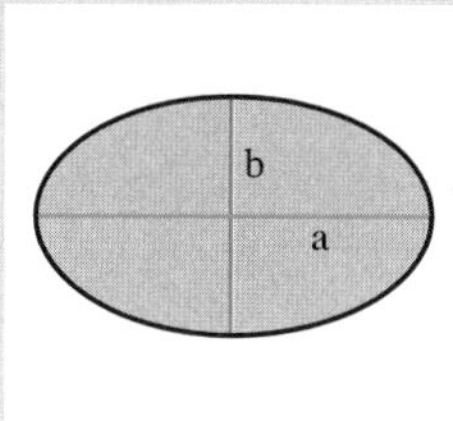

$$A = \pi a b$$
$$u \approx \pi (a + b)$$
$$u \approx \pi \sqrt{2(a^2 + b^2)}$$

Kreissektor

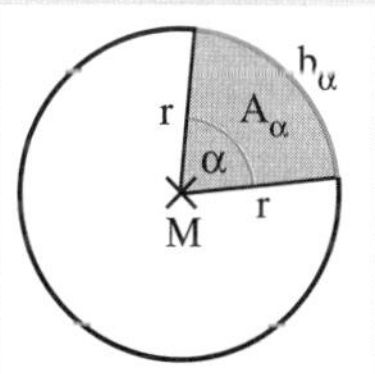

(1) $\alpha : 360° = b_\alpha : 2\pi r$ (2) $\alpha : 360° = A_\alpha : \pi r^2$ (3) $b_\alpha : 2\pi r = A_\alpha : \pi r^2$

$$b_\alpha = \frac{\pi r \alpha}{180°} \qquad A_\alpha = \frac{\pi r^2 \alpha}{360°} \qquad A_\alpha = b_\alpha \cdot \frac{r}{2}$$

Kreisring

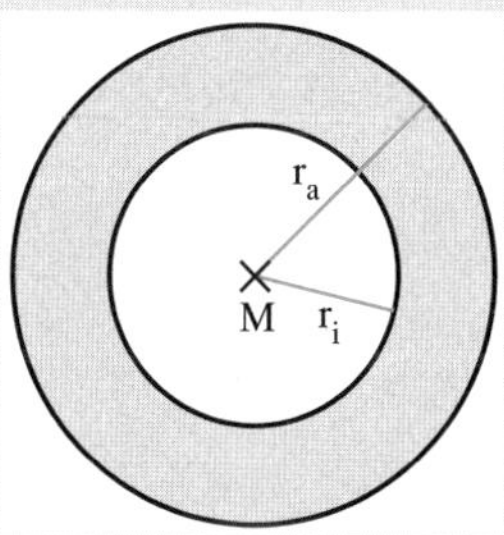

$$A = \pi r_a^2 - \pi r_i^2 = \pi(r_a^2 - r_i^2) = \pi(r_a + r_i)(r_a - r_i)$$

Kreisabschnitt

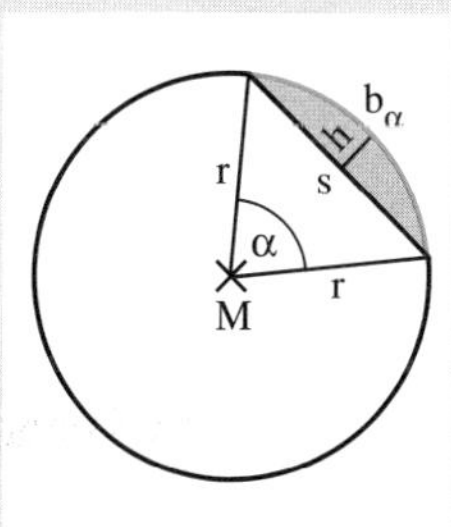

$$A = \frac{b_\alpha \cdot r - s(r - h)}{2}$$

Volumen- und Oberflächenberechnung von Körpern

Quader

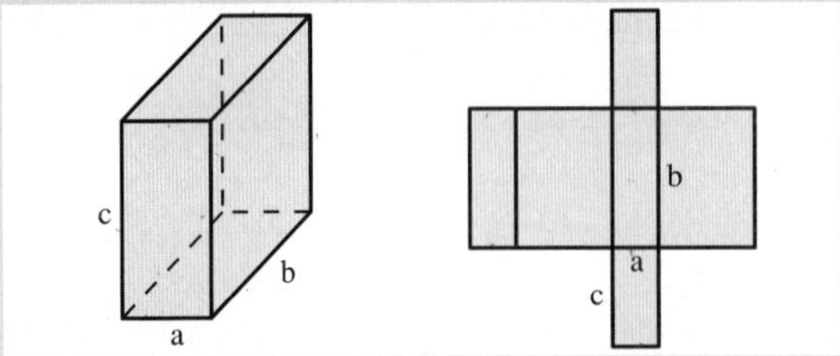

$V = a \cdot b \cdot c$

$O = 2\,a\,b + 2\,a\,c + 2\,b\,c$
$\quad = 2\,(a\,b + a\,c + b\,c)$

$d = \sqrt{a^2 + b^2 + c^2}$

Würfel

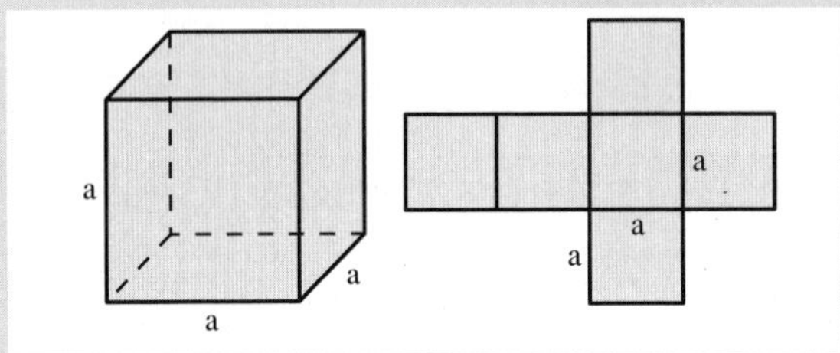

$V = a^3$

$O = 6\,a^2$

$d = a\,\sqrt{3}$

Prisma

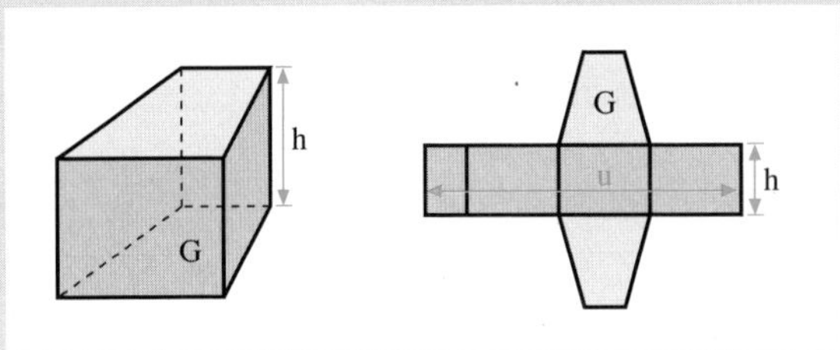

$V = G \cdot h$

$M = u \cdot h$

$O = 2G + M$

Zylinder

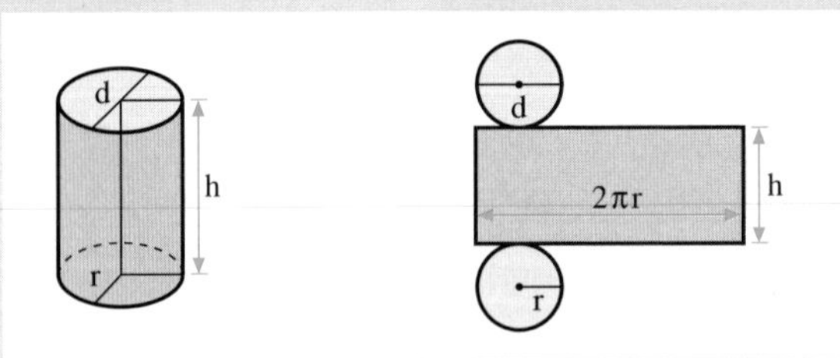

$V = \pi\, r^2\, h$

$M = 2\,\pi\, r\, h$

$O = 2\,\pi\, r^2 + 2\,\pi\, r\, h$
$\quad = 2\,\pi\, r\,(r + h)$

Pyramide

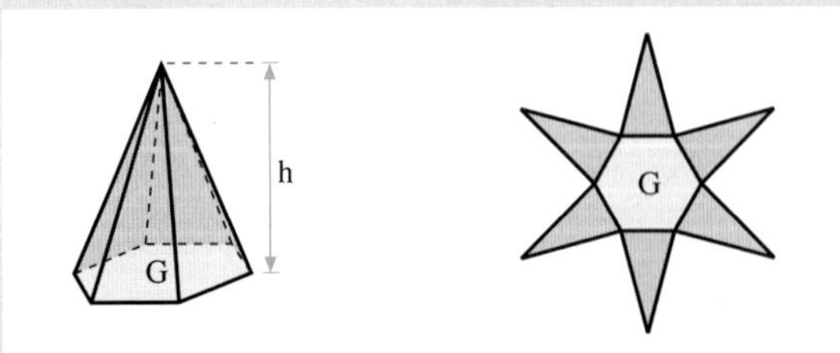

$V = \frac{1}{3}\, G \cdot h$

$O = G + M$

Quadratische, regelmäßige Pyramide

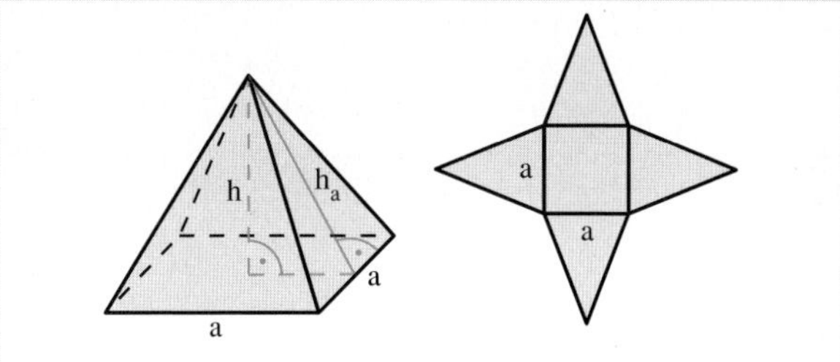

$$V = \frac{1}{3}\, a^2 h$$

$$M = 2\, a\, h_a$$

$$O = a^2 + 2\, a\, h_a$$
$$= a\,(a + 2\, h_a)$$

$$h_a = \sqrt{h^2 + \left(\frac{a}{2}\right)^2}$$

Gerader Kreiskegel

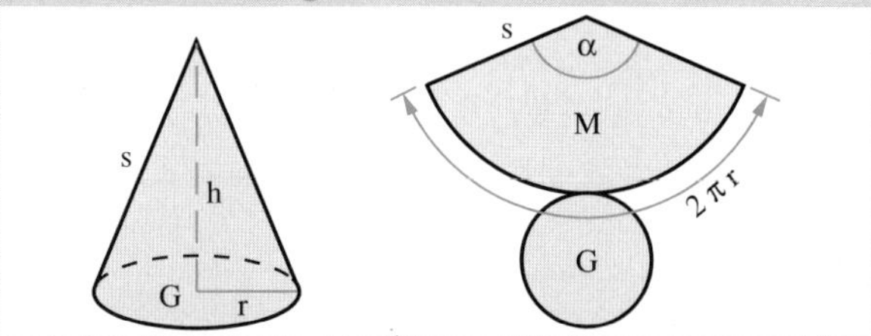

$$V = \frac{1}{3}\, \pi\, r^2 h$$

$$M = \pi\, r\, s$$

$$O = \pi\, r^2 + \pi\, r\, s$$
$$= \pi\, r\,(r + s)$$

$$s = \sqrt{h^2 + r^2}$$

Kugel

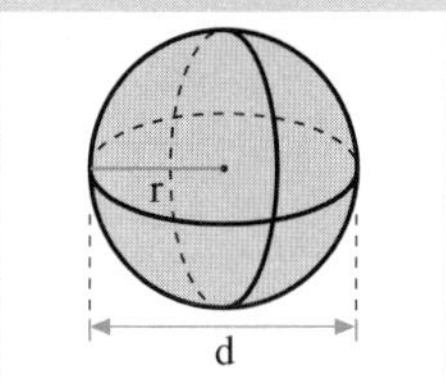

$$V = \frac{4}{3}\, \pi\, r^3$$

$$O = 4\, \pi\, r^2$$

Kugelschicht

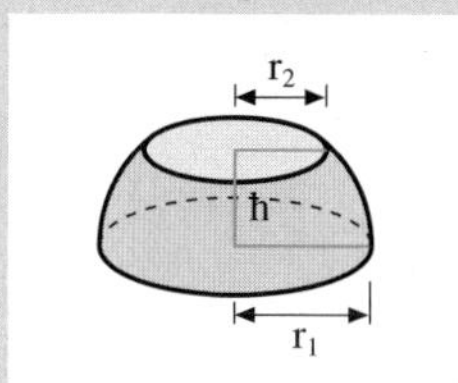

$$V = \frac{\pi}{6}\, h\,(3\, r_1^2 + 3\, r_2^2 + h^2)$$

$$M = 2\, \pi\, r\, h$$

(r: Kugelradius)

Pyramidenstumpf

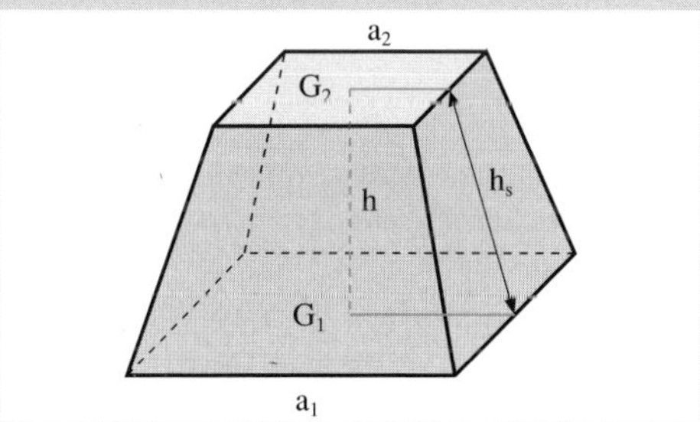

$$V = \frac{1}{3}\, h\,(G_1 + \sqrt{G_1 \cdot G_2} + G_2)$$

Quadratischer Pyramidenstumpf:

$$V = \frac{1}{3}\, h\,(a_1^2 + a_1 \cdot a_2 + a_2^2)$$

$$M = 4 \cdot \frac{a_1 + a_2}{2} \cdot h_s$$

$$O = a_1^2 + a_2^2 + 4 \cdot \frac{a_1 + a_2}{2} \cdot h_s$$

$$h_s = \sqrt{h^2 + \left(\frac{a_1 - a_2}{2}\right)^2}$$

Kegelstumpf

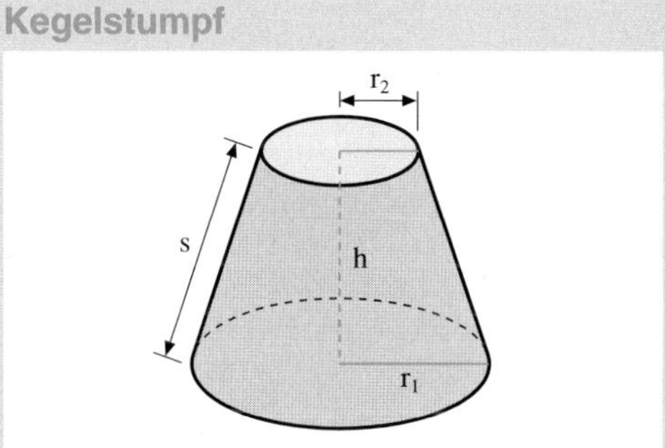

$$V = \frac{1}{3}\, \pi\, h\,(r_1^2 + r_1 \cdot r_2 + r_2^2)$$

$$M = \pi\, s\,(r_1 + r_2)$$

$$O = \pi\, r_1^2 + \pi\, r_2^2 + \pi\, s\,(r_1 + r_2)$$

$$s = \sqrt{h^2 + (r_1 - r_2)^2}$$

(s: Länge einer Mantellinie)

Lineare Gleichungen

Allgemeine Form der linearen Gleichung: $dx + ey = f$

Für $e \neq 0$ ist der Graph eine Gerade mit Steigung m und Ordinatenabschnitt b; $f(x) = m\,x + b$ mit $D = \mathbb{R}$ und $W = \mathbb{R}$, m, $b \in \mathbb{R}$ wird als **lineare Funktion** bezeichnet.

Für $e = 0$ ist der Graph eine Parallele zur y-Achse (*kein* Funktionsgraph).

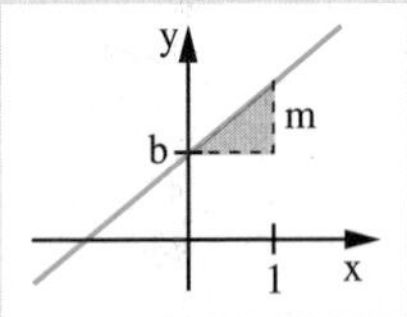

$f(x) = m\,x + b$
$(m \neq 0, b \neq 0)$

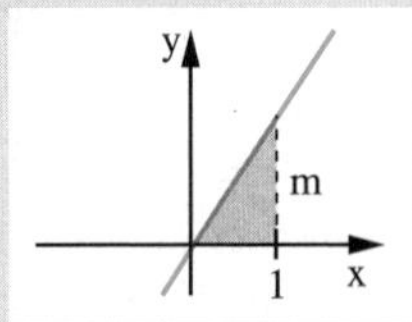

$f(x) = m\,x$
$(b = 0)$

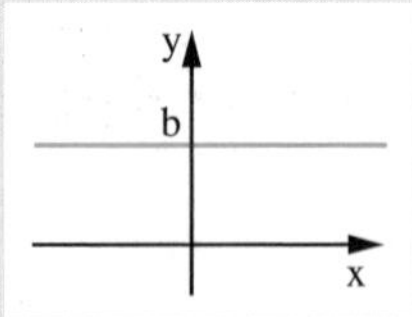

$f(x) = b$
$(m = 0)$

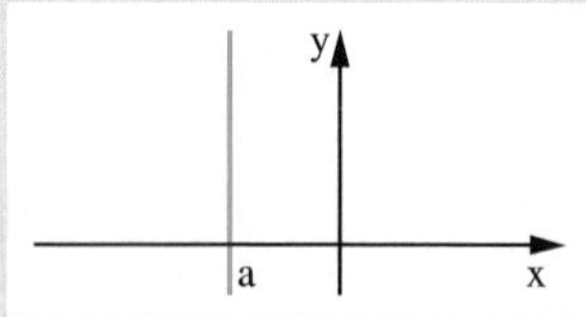

$x = a$

Systeme linearer Gleichungen mit 2 Variablen

$$\left| \begin{array}{l} d_1x + e_1y = f_1 \\ d_2x + e_2y = f_2 \end{array} \right|$$

Die Gleichungen lassen sich als Geraden im Koordinatensystem darstellen.

1. Fall

Die Geraden haben genau einen Schnittpunkt gemeinsam. Das LGS hat genau eine Lösung.

2. Fall

Die Geraden sind parallel zueinander. Das LGS hat keine Lösung.

3. Fall

Die Geraden sind identisch. Das LGS hat unendlich viele Lösungen.

Geradengleichungen

Hauptform der Geradengleichung

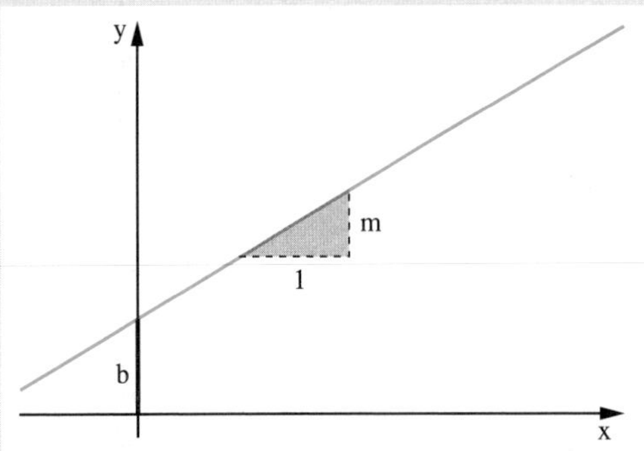

Gegeben:
Steigung m

Schnittpunkt $(0|b)$
mit der y-Achse

$y = m\,x + b$

Zueinander senkrechte Geraden

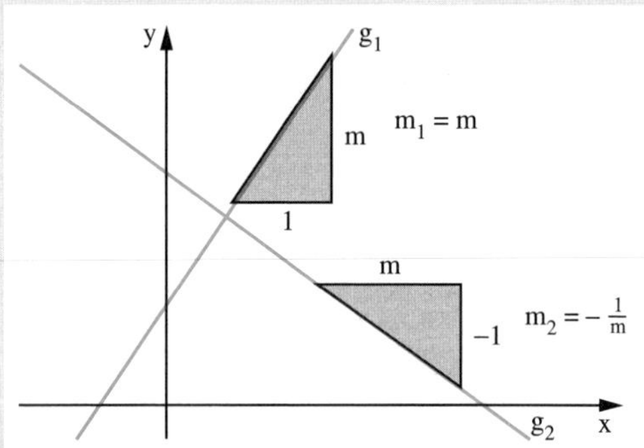

Für Geraden g_1, g_2 mit den Steigungen $m_1, m_2 \in \mathbb{R}^*$ gilt: $g_1 \perp g_2 \Leftrightarrow m_1 \cdot m_2 = -1$

Geradengleichungen

Zwei-Punkte-Form

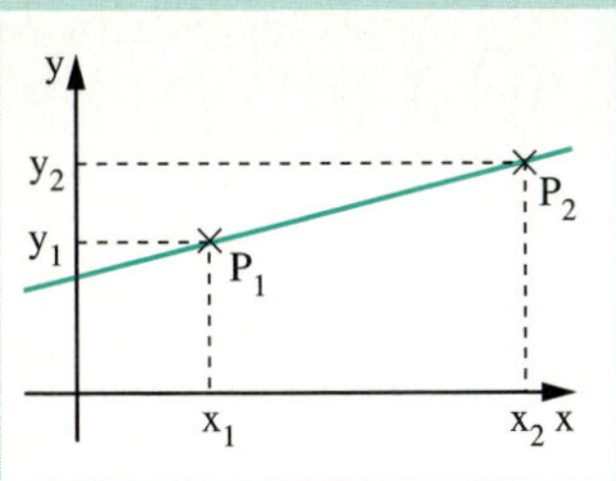

$$\frac{y-y_1}{x-x_1} = \frac{y_2-y_1}{x_2-x_1}$$

Punkt-Steigungs-Form

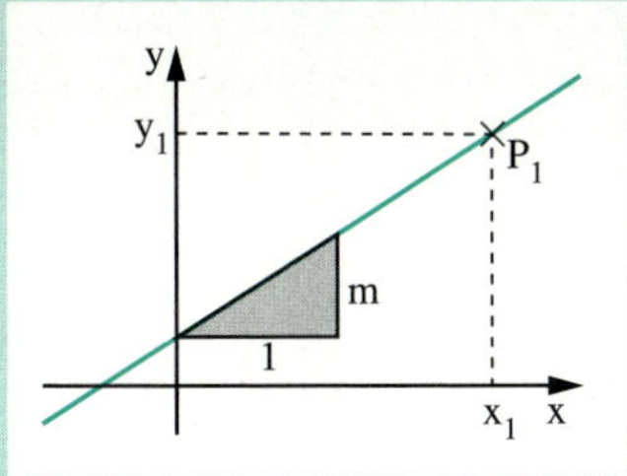

$$\frac{y-y_1}{x-x_1} = m$$

Achsenabschnittsform

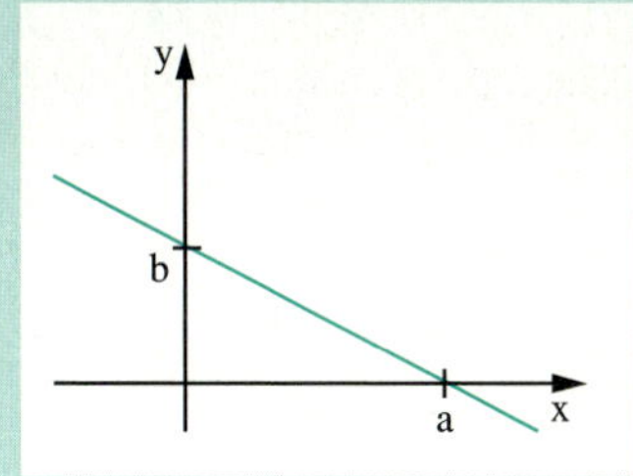

$$\frac{x}{a} + \frac{y}{b} = 1$$

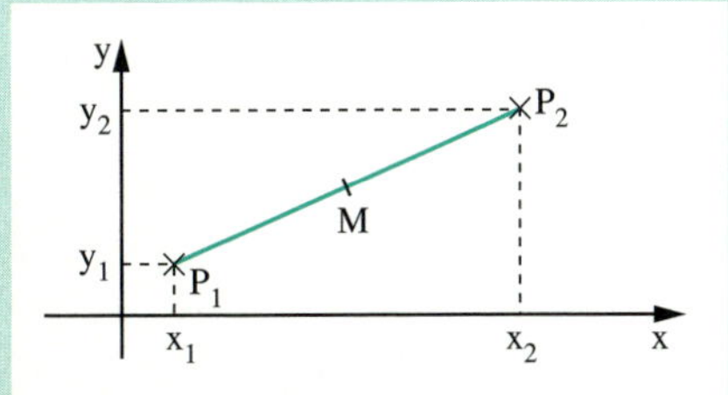

Abstand zweier Punkte $d = \sqrt{(x_2-x_1)^2 + (y_2-y_1)^2}$

Mittelpunkt einer Strecke $M = \left(\frac{x_1+x_2}{2} \,\middle|\, \frac{y_1+y_2}{2}\right)$

Parabeln (Graphen von quadratischen Funktionen)

Normalparabel

$y = x^2$; Scheitelpunkt $S\,(0\,|\,0)$

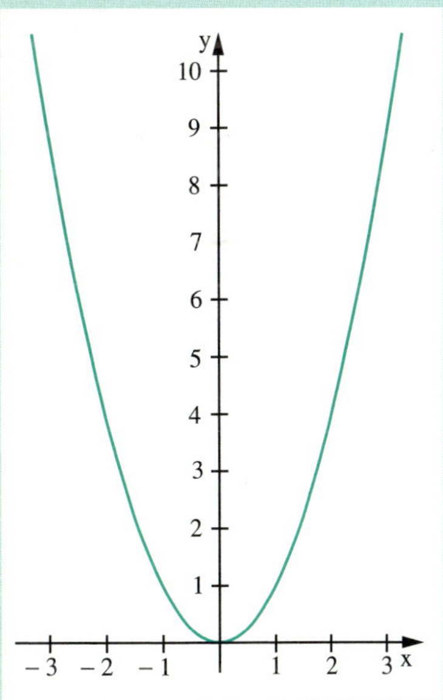

Verschobene Normalparabeln

$y = (x-a)^2 + b$; Scheitelpunkt $S\,(a\,|\,b)$

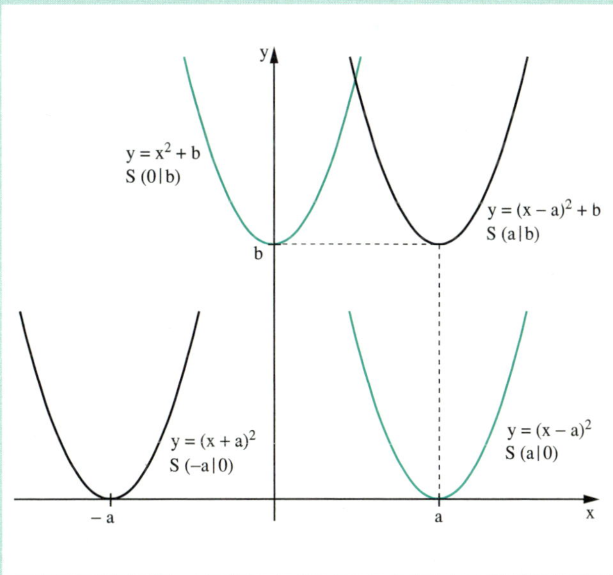

Potenzfunktionen

… mit geraden, positiven Exponenten

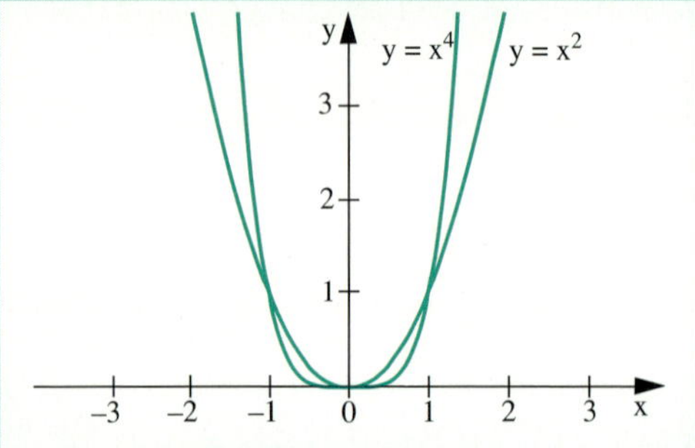

$D = \mathbb{R}$, $W = \mathbb{R}_0^+$

… mit geraden, negativen Exponenten

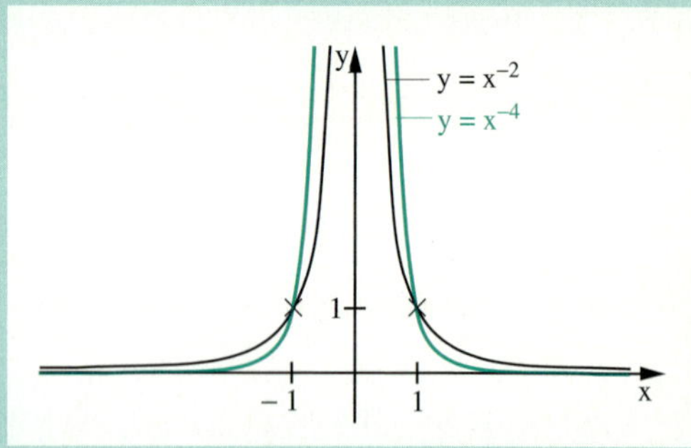

$D = \mathbb{R}^*$, $W = \mathbb{R}^+$

Die Graphen dieser Funktionen

(1) verlaufen durch die Punkte $(1|1)$ und $(-1|1)$
(2) sind achsensymmetrisch zur y-Achse.

… mit ungeraden, positiven Exponenten

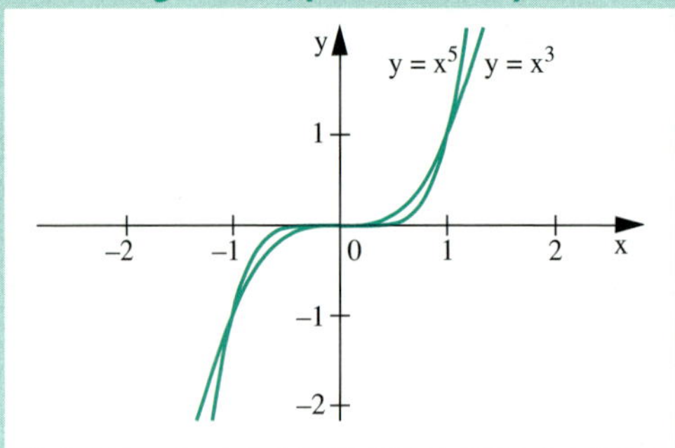

$D = \mathbb{R}$, $W = \mathbb{R}$

… mit ungeraden, negativen Exponenten

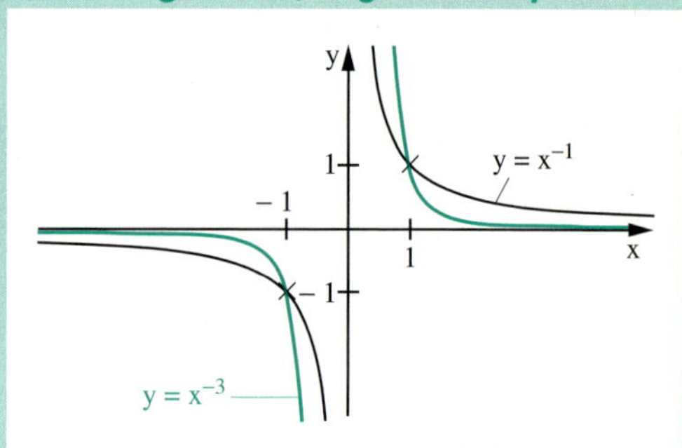

$D = \mathbb{R}^*$, $W = \mathbb{R}^*$

Die Graphen dieser Funktionen

(1) verlaufen durch die Punkte $(1|1)$ und $(-1|-1)$
(2) sind punktsymmetrisch zum Ursprung.

Wurzelfunktionen

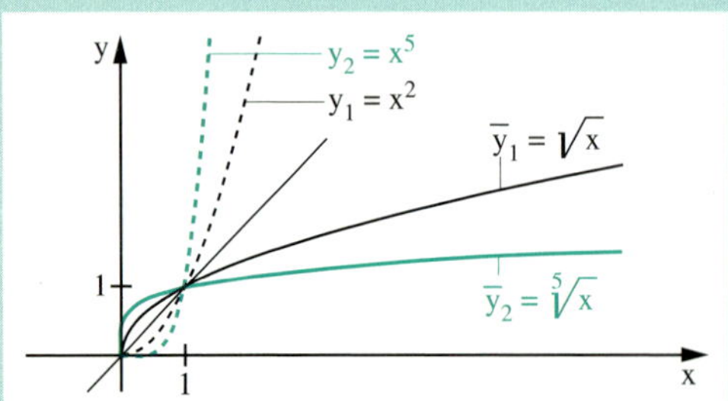

Definitionsbereich $\mathbb{R}_0^+$, Wertebereich $\mathbb{R}_0^+$

Exponentialfunktionen

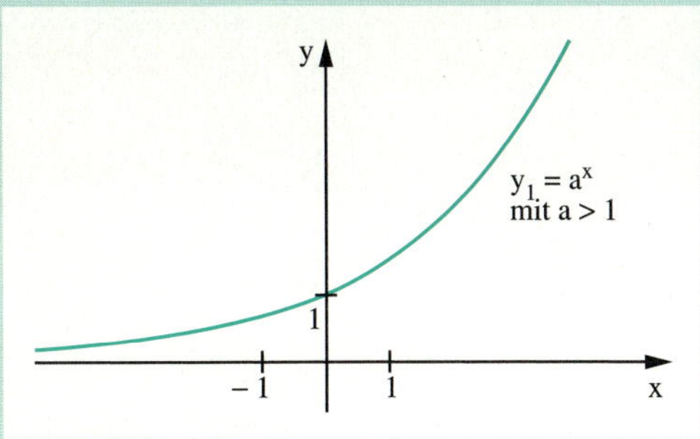

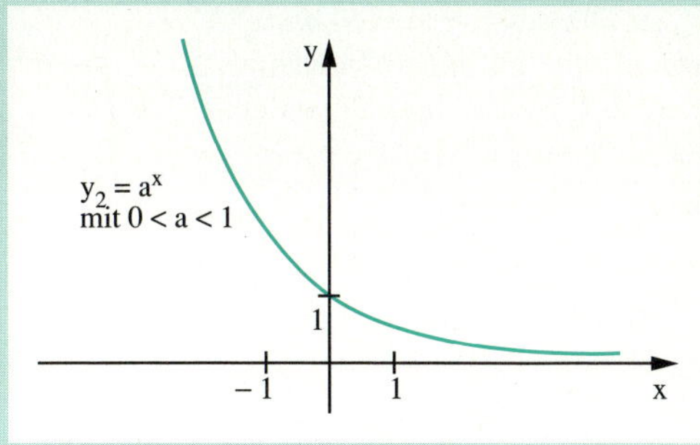

Definitionsbereich $\mathbb{R}$, Wertebereich $\mathbb{R}^+$

Logarithmusfunktionen

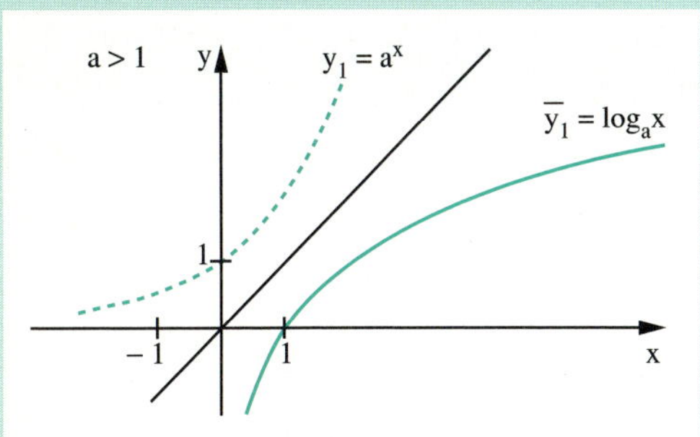

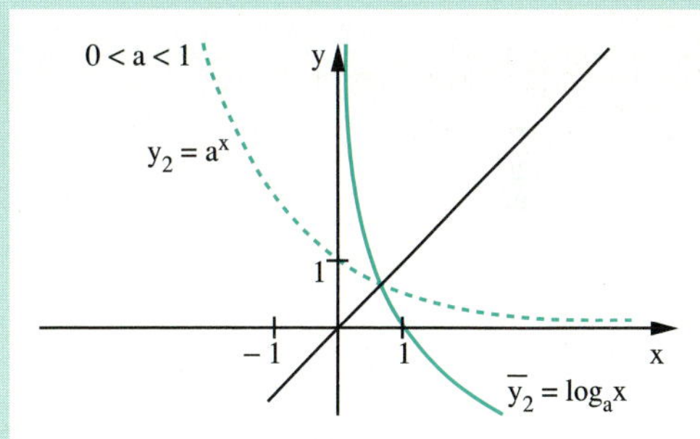

Definitionsbereich $\mathbb{R}^+$, Wertebereich $\mathbb{R}$

Wachstumsfunktionen

Begrenztes Wachstum

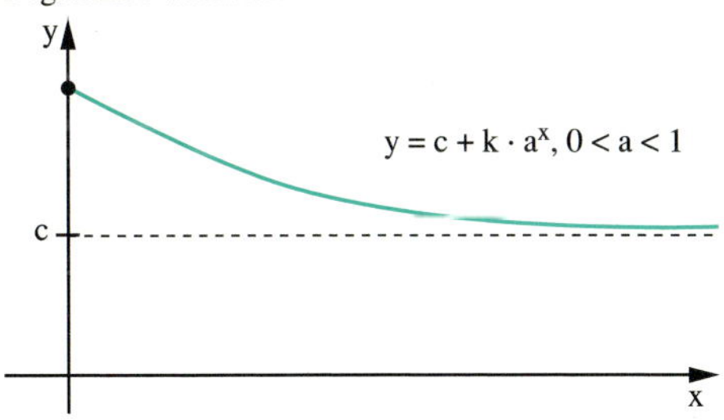

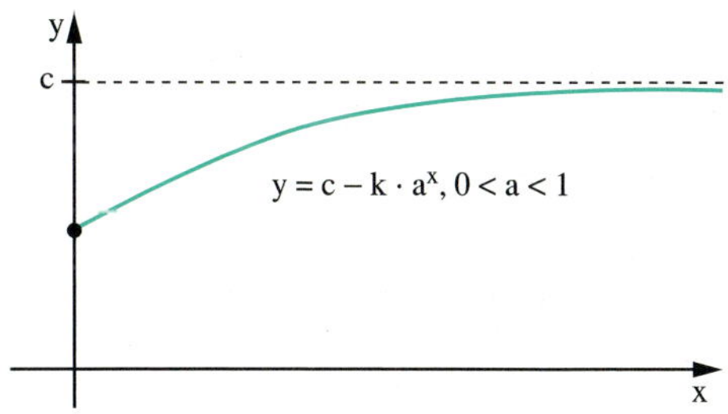

Logistisches Wachstum

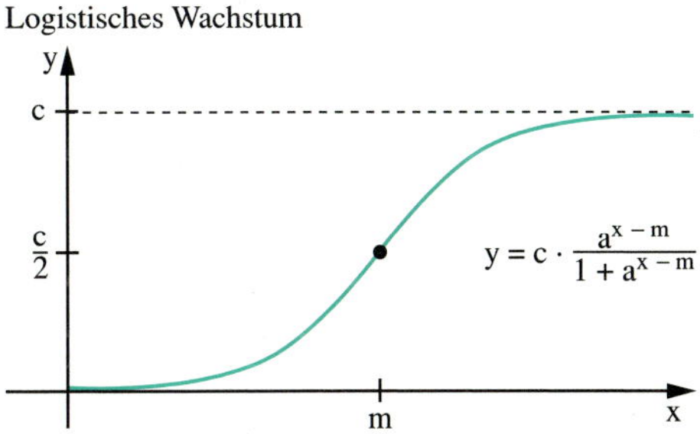

(Graph punktsymmetrisch zu $(m \mid \frac{c}{2})$)

Ähnlichkeit von Dreiecken

Zwei Dreiecke heißen *ähnlich,* wenn sie in allen Winkeln übereinstimmen und einander entsprechende Seitenverhältnisse gleich sind.

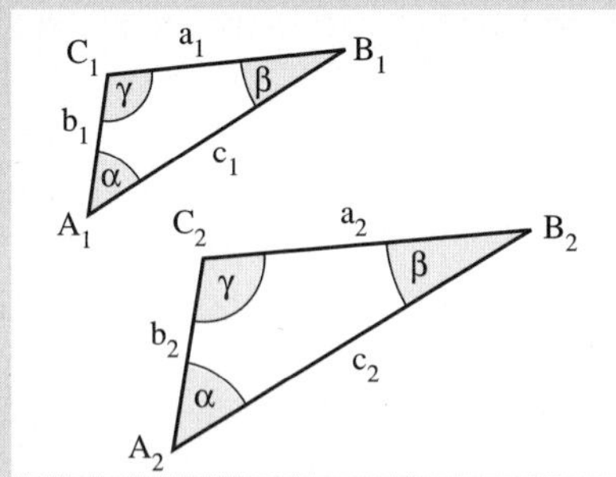

$$\frac{a_1}{b_1} = \frac{a_2}{b_2} \qquad \frac{a_1}{a_2} = \frac{b_1}{b_2}$$

$$\frac{a_1}{c_1} = \frac{a_2}{c_2} \qquad \frac{a_1}{a_2} = \frac{c_1}{c_2}$$

$$\frac{b_1}{c_1} = \frac{b_2}{c_2} \qquad \frac{b_1}{b_2} = \frac{c_1}{c_2}$$

Ähnlichkeitssätze:

Zwei Dreiecke sind ähnlich, wenn sie in folgenden Stücken übereinstimmen:

(1) in zwei entsprechenden Winkeln *oder*
(2) im Verhältnis zweier entsprechender Seiten und den eingeschlossenen Winkeln *oder*
(3) im Verhältnis aller entsprechender Seiten *oder*
(4) im Verhältnis zweier entsprechender Seiten und den Gegenwinkeln der längeren Seiten.

Strahlensätze

1. Strahlensatz

Werden von einem Punkt ausgehende Strahlen von Parallelen geschnitten, so verhalten sich die Abschnitte auf einem Strahl zueinander wie entsprechende Abschnitte auf dem anderen Strahl.

$$\frac{\overline{ZQ_1}}{\overline{ZQ_2}} = \frac{\overline{ZP_1}}{\overline{ZP_2}} \qquad \frac{\overline{ZQ_1}}{\overline{Q_1Q_2}} = \frac{\overline{ZP_1}}{\overline{P_1P_2}}$$

Umkehrung: Werden von einem Punkt ausgehende Strahlen von Geraden so geschnitten, daß sich die Abschnitte eines Strahls so verhalten wie die entsprechenden Abschnitte eines anderen Strahls, dann sind die Geraden parallel.

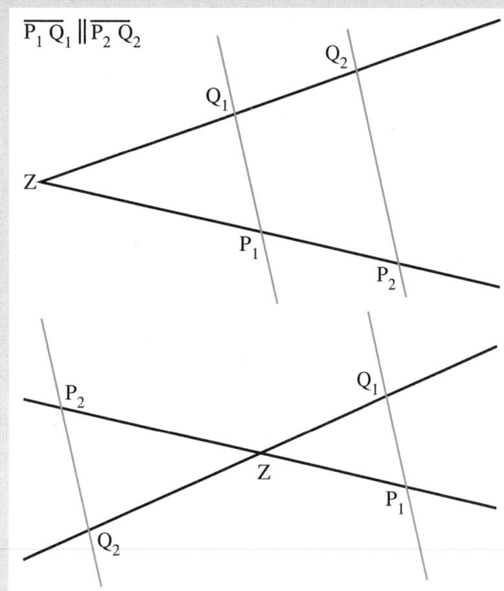

2. Strahlensatz

Werden von einem Punkt ausgehende Strahlen von Parallelen geschnitten, so verhalten sich die Parallelenabschnitte zueinander wie die zugehörigen Strahlenabschnitte.

$$\frac{\overline{P_1Q_1}}{\overline{P_2Q_2}} = \frac{\overline{ZQ_1}}{\overline{ZQ_2}} \qquad \frac{\overline{P_1Q_1}}{\overline{P_2Q_2}} = \frac{\overline{ZP_1}}{\overline{ZP_2}}$$

Die Umkehrung des 2. Strahlensatzes gilt nicht.

Zentrische Streckung

Gegeben: Ein Punkt Z (Streckzentrum) und eine Zahl $k \neq 0$ (Streckfaktor).
Für einen Punkt Q_1 und seinen Bildpunkt Q_2 gilt:

Falls $k > 0$:
(1) Q_2 liegt auf $\overrightarrow{ZQ_1}$
(2) $|ZQ_2| = k \cdot |ZQ_1|$

Falls $k < 0$:
(1) Z liegt auf $\overline{Q_1Q_2}$
(2) $|ZQ_2| = |k| \cdot |ZQ_1|$

Z ist Fixpunkt der Abbildung: $Z = Z'$
Hat eine Figur den Flächeninhalt A, so hat die Bildfigur den Flächeninhalt $k^2 \cdot A$.

Trigonometrie

Winkelfunktionen am rechtwinkligen Dreieck und am Einheitskreis

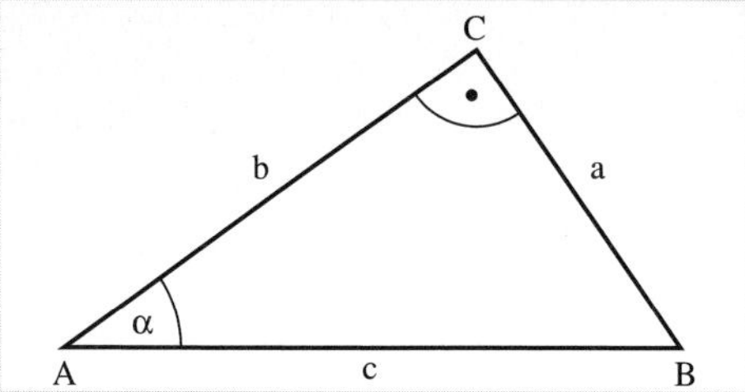

$$\sin\alpha = \frac{\text{Gegenkathete von }\alpha}{\text{Hypotenuse}} = \frac{a}{c}$$

$$\cos\alpha = \frac{\text{Ankathete von }\alpha}{\text{Hypotenuse}} = \frac{b}{c}$$

$$\tan\alpha = \frac{\text{Gegenkathete von }\alpha}{\text{Ankathete von }\alpha} = \frac{a}{b}$$

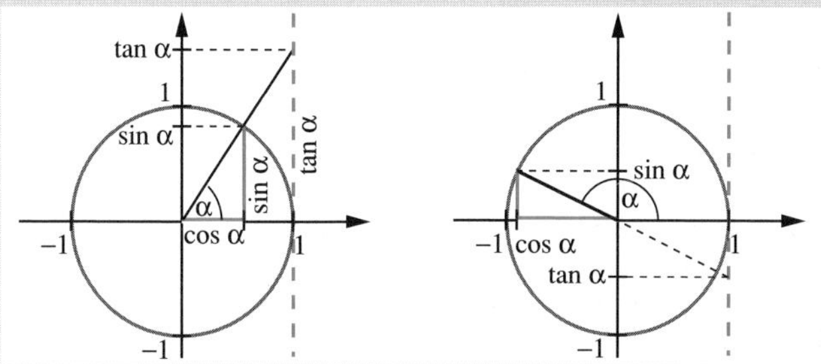

(1) $\sin(90° + \alpha) = \sin(90° - \alpha)$
$\sin\alpha = \sin(180° - \alpha)$

(2) $\cos\alpha = \sin(90° - \alpha)$

(3) $\sin^2\alpha + \cos^2\alpha = 1$

(4) $\tan\alpha = \dfrac{\sin\alpha}{\cos\alpha}$

Winkel und Bogenmaß

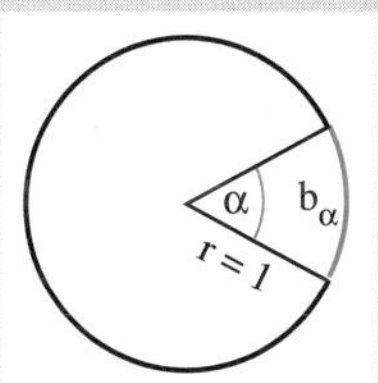

$$\frac{b_\alpha}{2\pi} = \frac{\alpha}{360°}$$

α	45°	90°	180°	270°	360°
b_α	$\frac{\pi}{4}$	$\frac{\pi}{2}$	π	$\frac{3\pi}{2}$	2π

Besondere Funktionswerte

	0°	30°	45°	60°	90°
sin	0	$\frac{1}{2}$	$\frac{1}{2}\sqrt{2}$	$\frac{1}{2}\sqrt{3}$	1
cos	1	$\frac{1}{2}\sqrt{3}$	$\frac{1}{2}\sqrt{2}$	$\frac{1}{2}$	0
tan	0	$\frac{1}{3}\sqrt{3}$	1	$\sqrt{3}$	–

Umformungen (Additionstheoreme)

$\sin(\alpha \pm \beta) = \sin\alpha\cos\beta \pm \cos\alpha\sin\beta$
$\cos(\alpha \pm \beta) = \cos\alpha\cos\beta \mp \sin\alpha\sin\beta$

$$\tan(\alpha \pm \beta) = \frac{\tan\alpha \pm \tan\beta}{1 \mp \tan\alpha\tan\beta}$$

$\sin 2\alpha = 2\sin\alpha\cos\alpha$
$\cos 2\alpha = \cos^2\alpha - \sin^2\alpha$
$\sin 3\alpha = 3\sin\alpha - 4\sin^3\alpha$
$\cos 3\alpha = 4\cos^3\alpha - 3\cos\alpha$

$$\sin\alpha + \sin\beta = 2\sin\left(\frac{\alpha+\beta}{2}\right)\cos\left(\frac{\alpha-\beta}{2}\right)$$

$$\sin\alpha - \sin\beta = 2\cos\left(\frac{\alpha+\beta}{2}\right)\sin\left(\frac{\alpha-\beta}{2}\right)$$

$$\cos\alpha + \cos\beta = 2\cos\left(\frac{\alpha+\beta}{2}\right)\cos\left(\frac{\alpha-\beta}{2}\right)$$

$$\cos\alpha - \cos\beta = -2\sin\left(\frac{\alpha+\beta}{2}\right)\sin\left(\frac{\alpha-\beta}{2}\right)$$

$\tan 2\alpha = \dfrac{2\tan\alpha}{1-\tan^2\alpha}$ $\quad \sin\dfrac{\alpha}{2} = \pm\sqrt{\dfrac{1-\cos\alpha}{2}}$ $\quad \cos\dfrac{\alpha}{2} = \pm\sqrt{\dfrac{1+\cos\alpha}{2}}$ $\quad \tan\dfrac{\alpha}{2} = \dfrac{\sin\alpha}{1+\cos\alpha}$

Trigonometrische Berechnungen am Dreieck

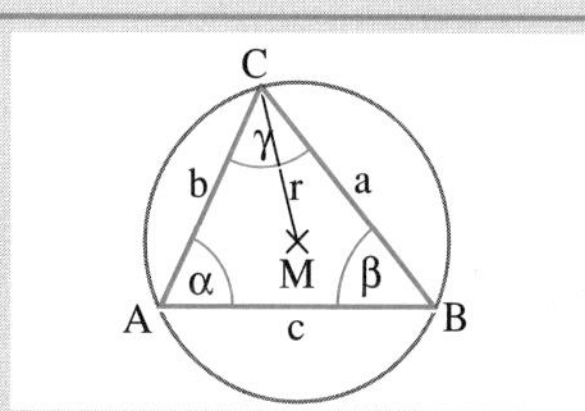

Sinussatz

$$\frac{a}{\sin\alpha} = \frac{b}{\sin\beta} = \frac{c}{\sin\gamma} \;(= 2r)$$

Kosinussatz

$a^2 = b^2 + c^2 - 2\,bc\cos\alpha$
$b^2 = a^2 + c^2 - 2\,ac\cos\beta$
$c^2 = a^2 + b^2 - 2\,ab\cos\gamma$

Flächeninhalt: $A = \frac{1}{2}\,a\,b\sin\gamma$; *oder* $A = 2r^2\sin\alpha\sin\beta\sin\gamma = \dfrac{a\,b\,c}{4\,r}$

Trigonometrische Funktionen

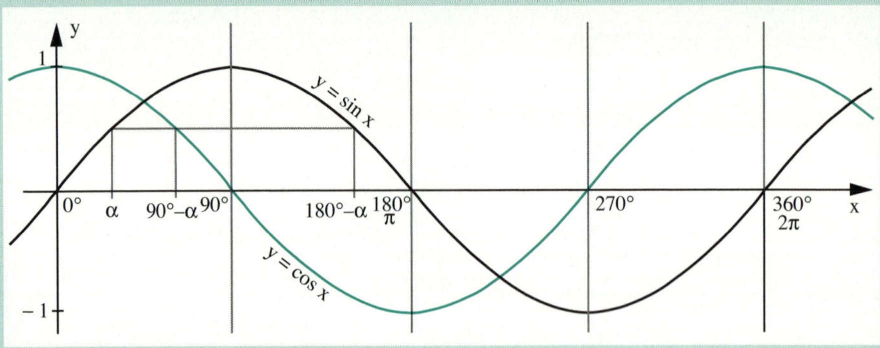

Sinus: $D = \mathbb{R}, W = [-1; 1]$
Periodenlänge $2\,\pi$
Der Graph ist punktsymmetrisch zum Ursprung und zu allen Punkten $(z \cdot \pi | 0), z \in \mathbb{Z}$

Kosinus: $D = \mathbb{R}, W = [-1; 1]$
Periodenlänge $2\,\pi$
Der Graph ist achsensymmetrisch zur $f(x)$-Achse und zu jeder Parallelen dieser Achse im Abstand $z \cdot \pi, z \in \mathbb{Z}$

Tangens: $D = \mathbb{R} \setminus \left\{\frac{\pi}{2}, -\frac{\pi}{2}, \frac{3\pi}{2}, -\frac{3\pi}{2}, \frac{5\pi}{2}, -\frac{5\pi}{2}, \ldots\right\}$

$W = \mathbb{R}$

Periodenlänge π
Der Graph ist punktsymmetrisch zum Ursprung und zu allen Punkten $(z \cdot \pi | 0), z \in \mathbb{Z}$

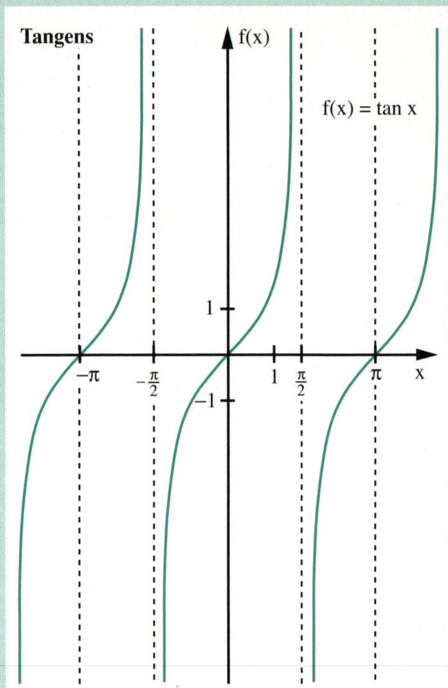

Allgemeine Sinusfunktionen

Amplitudenänderung

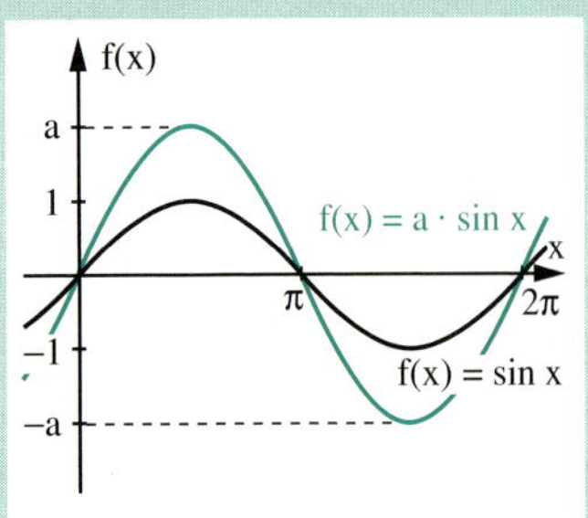

Frequenzänderung

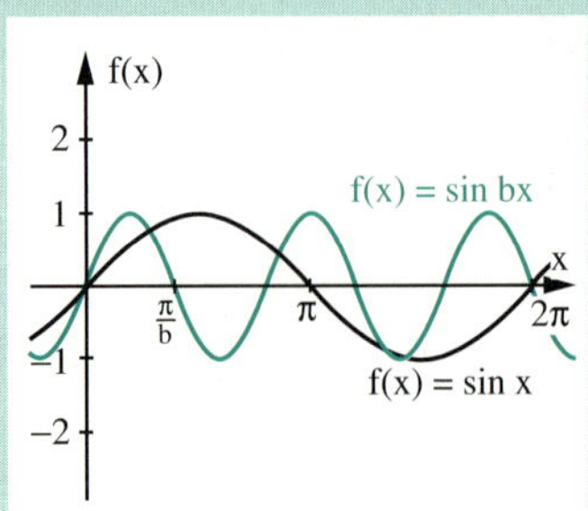

Phasenänderung

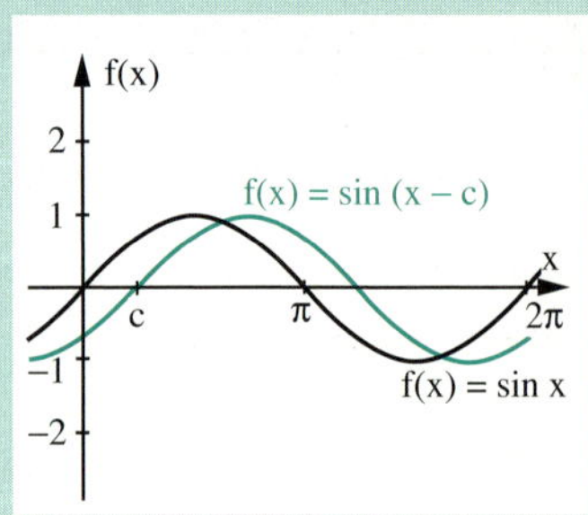

Stochastik

Beschreibende Statistik

absolute Häufigkeit n_i: Anzahl, mit der die Merkmalsausprägung x_i in der *Stichprobe* vom *Umfang* n auftritt

relative Häufigkeit h_i: $h_i = \frac{n_i}{n}$, $n = n_1 + n_2 + \ldots + n_k$

(k = Anzahl der verschiedenen Merkmalsausprägungen)

Mittelwerte

Arithmetisches Mittel $\overline{x}$	$\overline{x} = \frac{n_1 x_1 + n_2 x_2 + \ldots + n_k x_k}{n}$ $= h_1 x_1 + h_2 x_2 + \ldots + h_K x_k$	Mittelwert von Anzahlen, Längen, Geldbeträgen, …
Median $\tilde{x}$	steht *in der Mitte* einer geordneten Reihe von Daten	Mittelwert bei Schulnoten, Beliebtheitsskala
Geometrisches Mittel G	$G = \sqrt[n]{x_1^{n_1} \cdot x_2^{n_2} \cdot \ldots \cdot x_k^{n_k}}$	Mittelwert bei Zuwachsraten
Harmonisches Mittel H	$\frac{1}{H} = \frac{1}{n} \cdot \left(\frac{n_1}{x_1} + \frac{n_2}{x_2} + \ldots + \frac{n_k}{x_k}\right)$	Mittelwert von Geschwindigkeiten n_i = Streckenlänge x_i = Geschwindigkeit

Regression, Korrelation, Stichprobenstreuung

Regressionsgerade: Die zu den n Punkten $P_1\,(x_1|y_1)$, $P_2\,(x_2|y_2)$, $P_3\,(x_3|y_3)$, …, $P_n\,(x_n|y_n)$ gehörende Regressionsgerade (bzgl. x) verläuft durch den Schwerpunkt $P\,(\overline{x}|\overline{y})$ der Punktwolke.
Die Gerade hat die Steigung (*Regressionskoeffizient*):

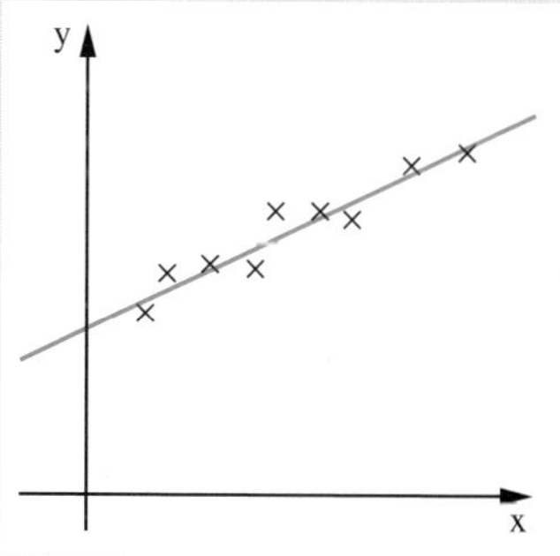

$$m_x = \frac{S_{xy}}{S_{xx}} = \frac{\sum_{i=1}^{n} (x_i - \overline{x})(y_i - \overline{y})}{\sum_{i=1}^{n} (x_i - \overline{x})^2} = \frac{\sum_{i=1}^{n} x_i y_i - n\,\overline{x}\,\overline{y}}{\sum_{i=1}^{n} x_i^2 - n\,\overline{x}^2}$$

Gleichung der *Ausgleichsgeraden*: $y - \overline{y} = m_x\,(x - \overline{x})$

PEARSONscher Korrelationskoeffizient: $r = \frac{S_{xy}}{\sqrt{S_{xx} \cdot S_{yy}}}$, wobei $S_{yy} = \sum_{i=1}^{n} (y_i - \overline{y})^2 = \sum_{i=1}^{n} y_i^2 - n\,\overline{y}^2$

Stichprobenstreuung: $s = \sqrt{s^2}$, wobei $s^2 = \frac{1}{n-1} \sum_{i=1}^{n} (x_i - \overline{x})^2 = \frac{1}{n-1}\left(\sum_{i=1}^{n} x_i^2 - \frac{1}{n}\left(\sum_{i=1}^{n} x_i\right)^2\right)$

Wahrscheinlichkeitsgrundsätze

Wahrscheinlichkeits-Funktion P: Funktion, die jedem Ereignis E eines Ergebnisraums $S = \{s_1, s_2, \ldots, s_n\}$ eine reelle Zahl P(E) zuordnet.

Es gelten folgende Wahrscheinlichkeitsgrundsätze (**KOLMOGOROFF-Axiome**):

(1) $P(E) \geq 0$ für beliebige Ereignisse E (2) $P(S) = 1$

(3) $P(E_1 \cup E_2) = P(E_1) + P(E_2)$ für unvereinbare Ereignisse E_1, E_2 (d. h. $E_1 \cap E_2 = \{\ \}$)

Es gilt auch: $P(E_1 \cup E_2) = P(E_1) + P(E_2) - P(E_1 \cap E_2)$ **(Summenregel)**

$P(E) + P(\overline{E}) = 1$ mit $\overline{E} = S \setminus E$ **(Komplementärregel)**

Elementare Wahrscheinlichkeitsrechnung

LAPLACE-Versuch: Alle möglichen Ergebnisse (Ausgänge) des Zufallsversuchs haben die gleiche Chance.

$$P(E) = \frac{\text{Anzahl der zu E gehörenden Ergebnisse}}{\text{Anzahl der möglichen Ergebnisse}}$$

Pfadregeln für mehrstufige Zufallsversuche:

Wahrscheinlichkeit eines Ergebnisses = Produkt der Wahrscheinlichkeiten längs des zugehörigen Pfades im Baumdiagramm

Wahrscheinlichkeit eines Ereignisses = Summe der Pfadwahrscheinlichkeiten der zum Ereignis gehörenden Ergebnisse

Multiplikationsregel, stochastische Unabhängigkeit, Satz von BAYES

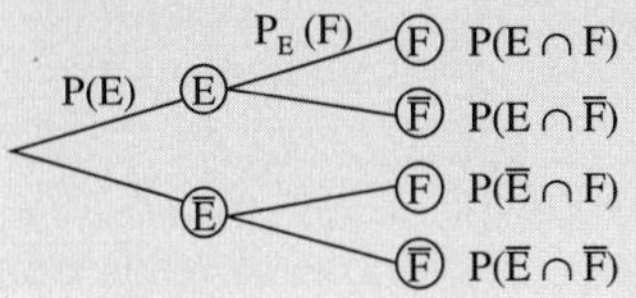

Baumdiagramm und umgekehrtes Baumdiagramm

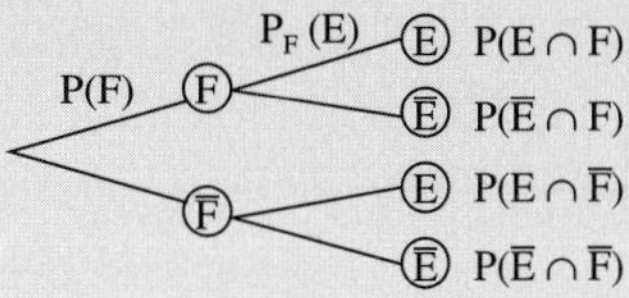

Multiplikationsregel:

$P(E \cap F) = P(E) \cdot P_E(F)$
wobei $P_E(F)$ bedingte Wahrscheinlichkeit von F unter der Bedingung E

Satz von BAYES:

$$P_F(E) = \frac{P(E) \cdot P_E(F)}{P(F)}$$

wobei $P(F) = P(E \cap F) + P(\overline{E} \cap F)$
$= P(E) \cdot P_E(F) + P(\overline{E}) \cdot P_{\overline{E}}(F)$

Stochastische Unabhängigkeit

Ereignisse E, F sind stochastisch voneinander unabhängig, wenn

$P(E \cap F) = P(E) \cdot P(F)$, d. h. $P(F) = P_E(F)$

	F	$\overline{F}$	Summe
E	$P(E \cap F)$	$P(E \cap \overline{F})$	$P(E)$
$\overline{E}$	$P(\overline{E} \cap F)$	$P(\overline{E} \cap \overline{F})$	$P(\overline{E})$
Summe	$P(F)$	$P(\overline{F})$	1

Verallgemeinerung der Multiplikationsregel für k Ereignisse:

$$P(E_1 \cap E_2 \cap \ldots \cap E_k) = P(E_1) \cdot P_{E_1}(E_2) \cdot P_{E_1 \cap E_2}(E_3) \cdot P_{E_1 \cap E_2 \cap E_3}(E_4) \cdot \ldots \cdot P_{E_1 \cap E_2 \cap \ldots \cap E_{k-1}}(E_k)$$

Verallgemeinerung für $S = E_1 \cup E_2 \cup \ldots \cup E_k$ $(E_i \cap E_j = \{\ \})$:

Satz von BAYES: $P_F(E_i) = \dfrac{P(E_i) \cdot P_{E_i}(F)}{P(F)}$, wobei $P(F) = \sum_{i=1}^{k} P(E_i) \cdot P_{E_i}(F) = \sum_{i=1}^{k} P(E_i \cap F)$

Kombinatorik

Zählprinzip: Besteht ein Zufallsversuch aus k Stufen und ist die Zahl der möglichen Ergebnisse auf den einzelnen Stufen $m_1, m_2, \ldots, m_k$, dann hat der Zufallsversuch $m_1 \cdot m_2 \cdot \ldots \cdot m_k$ mögliche Ergebnisse.

Anzahl der Möglichkeiten bei k Ziehungen aus einer Gesamtheit am Umfang n:

	(a) Ziehung mit Wiederholung	(b) Ziehung ohne Wiederholung	
(1) mit Beachtung der Reihenfolge	(1a) n^k	(1b) $\frac{n!}{(n-k)!}$	*(Variationen)*
(2) ohne Beachtung der Reihenfolge	(2a) $\binom{n+k-1}{k}$	(2b) $\binom{n}{k}$	*(Kombinationen)*

Sonderfälle:

Anzahl der Möglichkeiten, n Dinge anzuordnen = n! *(Permutationen)*

Anzahl der k-elementigen *Teilmengen* einer n-elementigen Menge = $\binom{n}{k}$

Fakultäten: $0! = 1, \quad n! = n \cdot (n-1)!$ für $n \geq 1$, d. h.
$n! = n \cdot (n-1) \cdot (n-2) \cdot \ldots \cdot 3 \cdot 2 \cdot 1$
also: $1! = 1, \quad 2! = 2, \quad 3! = 6, \quad 4! = 24, \quad 5! = 120, \quad 6! = 720, \ldots$

Näherungswert für $n \geq 10$: $n! \approx \sqrt{2\pi n} \cdot \left(\frac{n}{e}\right)^n \cdot \left(1 + \frac{1}{12n}\right)$ STIRLINGsche Formel

Binomialkoeffizienten $\binom{n}{k} = \frac{n!}{k!\,(n-k)!} = \frac{n\,(n-1) \cdot \ldots \cdot (n-k+1)}{k\,(k-1) \cdot \ldots \cdot 1}$ (je k Faktoren)

(1) $\binom{n}{k} = \binom{n}{n-k}$ (Symmetrie)

(2) $\binom{n}{0} = \binom{n}{n} = 1$ (Randwerte)

(3) $\binom{n+1}{k+1} = \binom{n}{k} + \binom{n}{k+1}$ (Additionsprinzip)

(4) $\binom{n}{k} = \frac{n-k+1}{k} \cdot \binom{n}{k-1}$ (Rekursionsvorschrift)

PASCALsches Dreieck

<table>
<tr><td align="center">1</td></tr>
<tr><td align="center">1 1</td></tr>
<tr><td align="center">1 2 1</td></tr>
<tr><td align="center">1 3 3 1</td></tr>
<tr><td align="center">1 4 6 4 1</td></tr>
<tr><td align="center">1 5 10 10 5 1</td></tr>
<tr><td align="center">1 6 15 20 15 6 1</td></tr>
<tr><td align="center">1 7 21 35 35 21 7 1</td></tr>
<tr><td align="center">1 8 28 56 70 56 28 8 1</td></tr>
<tr><td align="center">1 9 36 84 126 126 84 36 9 1</td></tr>
<tr><td align="center">1 10 45 120 210 252 210 120 45 10 1</td></tr>
</table>

Binomischer Lehrsatz

$$(a+b)^n = \binom{n}{0} a^n b^0 + \binom{n}{1} a^{n-1} b^1 + \binom{n}{2} a^{n-2} b^2 + \ldots + \binom{n}{n-1} a^1 b^{n-1} + \binom{n}{n} a^0 b^n$$

Zufallsgrößen

Zufallsgröße X ordnet jedem Ergebnis eines Zufallsversuchs eine reelle Zahl zu.
Das Ereignis $X = k$ enthält alle die Ergebnisse a, für die $X(a) = k$ gilt.

Die Funktion mit der Zuordnung: $k \mapsto P(X = k)$ heißt **Verteilung von X**.

Diskrete Zufallsgröße: X kann nur endlich viele oder abzählbar unendlich viele Werte annehmen (also $x_1, x_2, \ldots, x_n$ bzw. $x_1, x_2, x_3, x_4, \ldots$).

Stetige Zufallsgröße: Es gibt eine Funktion f (*Dichtefunktion* der Zufallsgröße X) mit

(1) $f(x) \geq 0$ für alle $x \in \mathbb{R}$ (2) $P(X \leq b) = \int_{-\infty}^{b} f(x)\,dx$ (3) $\int_{-\infty}^{+\infty} f(x)\,dx = 1$

Unabhängigkeit von Zufallsgrößen: X, Y stochastisch (voneinander) unabhängig, wenn für alle x_i, y_j gilt: $P(X = x_i \wedge Y = y_j) = P(X = x_i) \cdot P(Y = y_j)$.

Erwartungswert und Varianz von Zufallsgrößen

	X *diskrete* Zufallsgröße	X *stetige* Zufallsgröße
Erwartungswert μ:	$E(X) = \sum_i x_i \cdot P(X = x_i)$	$E(X) = \int_{-\infty}^{+\infty} x \cdot f(x)\,dx$
Varianz σ^2:	$V(X) = \sum_i (x_i - \mu)^2 \cdot P(X = x_i)$	$V(X) = \int_{-\infty}^{+\infty} (x - \mu)^2 \cdot f(x)\,dx$

Standardabweichung von X: $\sigma = \sqrt{V(X)}$

Rechenregeln für Erwartungswerte und Varianzen

(1) $E(aX) = a \cdot E(X)$, $E(a) = a$, $V(aX) = a^2 \cdot V(X)$, $V(a) = 0$

(2) $E(X + Y) = E(X) + E(Y)$

(3) Falls X, Y stochastisch unabhängig: $E(X \cdot Y) = E(X) \cdot E(Y)$
$V(X + Y) = V(X) + V(Y)$

(4) $V(X) = E(X^2) - (E(X))^2$, d. h.
$V(X) = \sum_i x_i^2 \cdot P(X = x_i) - \mu^2$ bzw. $V(X) = \int_{-\infty}^{+\infty} x^2 \cdot f(x)\,dx - \mu^2$

Ungleichung von TSCHEBYSCHEFF

Abschätzung der Wahrscheinlichkeit von Umgebungen des Erwartungswertes bei *beliebigen* nicht-konstanten Zufallsgrößen ($\varepsilon \in \mathbb{R}^+$, $n, z \in \mathbb{N}^*$)

$P(|X - \mu| > n \cdot \varepsilon) < \frac{\sigma^2}{(n\varepsilon)^2}$ $\left(\text{d. h. } P(|X - \mu| \leq n \cdot \varepsilon) > 1 - \frac{\sigma^2}{(n\varepsilon)^2}\right)$

oder

$P(|X - \mu| > z \cdot \sigma) < \frac{1}{z^2}$ $\left(\text{d. h. } P(|X - \mu| \leq z \cdot \sigma) > 1 - \frac{1}{z^2}\right)$

BERNOULLIsches Gesetz der Großen Zahlen

Spezialfall der Ungleichung von Tschebyscheff bei BERNOULLI-Versuchen:

$$P\left(\left|\frac{X}{n}-p\right|>\varepsilon\right)<\frac{p\cdot q}{n\varepsilon^2}\leq\frac{1}{4n\varepsilon^2}$$

BERNOULLIsches Gesetz der Großen Zahlen: $\lim\limits_{n\to\infty} P\left(\left|\frac{X}{n}-p\right|\leq\varepsilon\right)=1$

Binomialverteilung

Zufallsversuch: BERNOULLI-Versuch

Aus einer Gesamtheit wird n-mal *mit* Zurücklegen gezogen. Man unterscheidet nur (die Ausprägungen) Erfolg bzw. Mißerfolg. Die Wahrscheinlichkeiten für einen Erfolg (p) bzw. für einen Mißerfolg ($q = 1 - p$) sind auf jeder Stufe gleich.

Zufallsgröße X: Anzahl der Erfolge beim n-stufigen BERNOULLI-Versuch.

$$P(X=k)=\binom{n}{k}\cdot p^k q^{n-k} \qquad k=0,1,\ldots,n \qquad \mu=n\cdot p \qquad \sigma^2=n\cdot p\cdot q$$

Zusammenhang mit dem *Binomischen Lehrsatz*:

$$\begin{aligned}1=(q+p)^n&=\binom{n}{0}q^n+\binom{n}{1}pq^{n-1}+\binom{n}{2}p^2q^{n-2}+\ldots+\binom{n}{n-1}p^{n-1}q+\binom{n}{n}p^n\\&=P(X=0)+P(X=1)+P(X=2)+\ldots+P(X=n-1)+P(X=n)\end{aligned}$$

Rekursive Berechnung: $P(X=0)=q^n$

$$P(X=k)=\frac{n-k+1}{k}\cdot\frac{p}{q}\cdot P(X=k-1) \qquad k=1,\ldots,n$$

POISSON-Näherung für die Binomialverteilung für große n (≥ 100) und kleine p ($\leq 0{,}1$) gilt:

$$P(X=k)\approx\frac{\mu^k}{k!}\cdot e^{-\mu}, \quad k\in\mathbb{N} \quad \mu=n\cdot p, \quad \sigma^2\approx\mu$$

Rekursive Berechnung: $P(X=0)=e^{-\mu}$

$$P(X=k)=\frac{\mu}{k}\cdot P(X=k-1) \qquad k=1,2,\ldots,n$$

Geometrische Verteilung

Zufallsgröße X: Anzahl der Stufen bis zum ersten Eintreten eines Erfolges

$$P(X=k)=p\cdot q^{k-1}, \quad k\in\mathbb{N}^* \quad \mu=\frac{1}{p} \quad \sigma^2=\frac{q}{p^2}$$

Gleichverteilung

Zufallsgröße X nimmt die Werte 1, 2, …, m mit gleicher Wahrscheinlichkeit an:

$$P(X=k)=\frac{1}{m} \qquad \mu=\frac{m+1}{2} \qquad \sigma^2=\frac{m^2-1}{12}$$

Hypergeometrische Verteilung

Zufallsversuch:
Aus einer Gesamtheit vom Umfang N wird eine Stichprobe vom Umfang n gezogen (d. h. nacheinander *ohne* Zurücklegen oder mit einem Griff).
In der Gesamtheit sind zwei Merkmalsausprägungen vom Umfang K bzw. N – K.

Zufallsgröße X: Anzahl der Merkmalsträger 1. Art in der Stichprobe

$$P(X = k) = \frac{\binom{K}{k}\binom{N-K}{n-k}}{\binom{N}{n}}, \quad k = 0, 1, \ldots, n \qquad \mu = n \cdot p \qquad \sigma = n \cdot p \cdot (1-p)\,\frac{N-n}{N-1}$$

wobei $p = \frac{K}{N}$

Approximation durch die Binomialverteilung, falls $\frac{N}{n} > 10$

Normalverteilung

Normalverteilte Zufallsgröße X mit Erwartungswert μ und Standardabweichung σ:

X ist eine stetige Zufallsgröße mit der Dichtefunktion

$$f(x) = \frac{1}{\sigma\sqrt{2\pi}} \cdot e^{-\frac{1}{2}\left(\frac{x-\mu}{\sigma}\right)^2}$$

Standardisierung von X:

Die Zufallsgröße $Z = \frac{X-\mu}{\sigma}$ hat Erwartungswert $\mu = 0$, Standardabweichung $\sigma = 1$.

GAUSSsche Dichtefunktion (Dichtefunktion der Standard-Normalverteilung):

$$\varphi(z) = \frac{1}{\sqrt{2\pi}} \cdot e^{-\frac{z^2}{2}}$$

GAUSSsche Integralfunktion

$$\phi(z) = \int_{-\infty}^{z} \varphi(t)\,dt$$

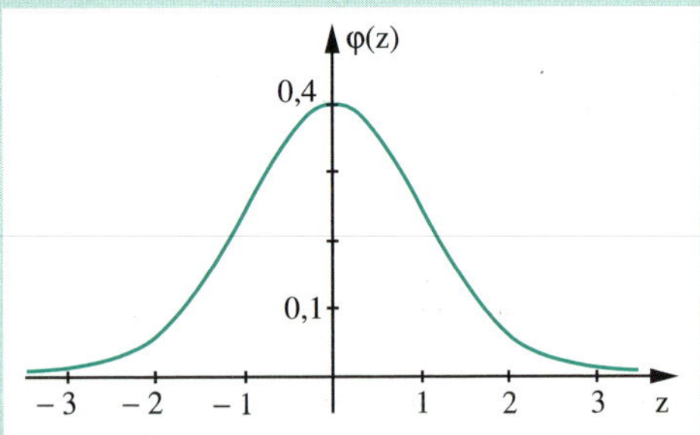

Zentraler Grenzwertsatz

Seien $X_1, X_2, \ldots, X_n$ unabhängige Zufallsgrößen.
Die Zufallsgröße $Y = X_1 + X_2 + \ldots + X_n$ habe Erwartungswert μ, Standardabweichung σ. Dann gilt unter Bedingungen, die fast immer erfüllt sind (insbesondere, wenn $n > 50$):

Die Zufallsgröße $Z = \frac{Y-\mu}{\sigma}$ ist näherungsweise standard-normalverteilt.

Approximation der Binomialverteilung durch die Normalverteilung

X sei eine binomialverteilte Zufallsgröße mit $n \cdot p \cdot q > 9$.

Dann gelten folgende **Näherungsformeln von MOIVRE und LAPLACE:**

Lokale Näherung

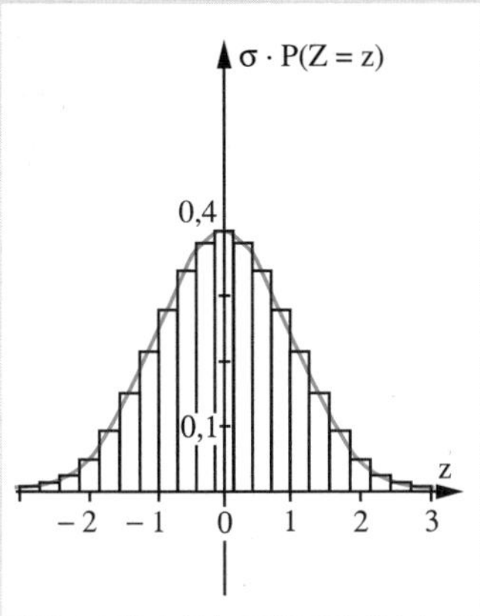

Wahrscheinlichkeit für *genau k Erfolge:*

$$P(X = k) \approx \frac{1}{\sigma} \cdot \varphi\left(\frac{k-\mu}{\sigma}\right)$$

Integrale Näherungen

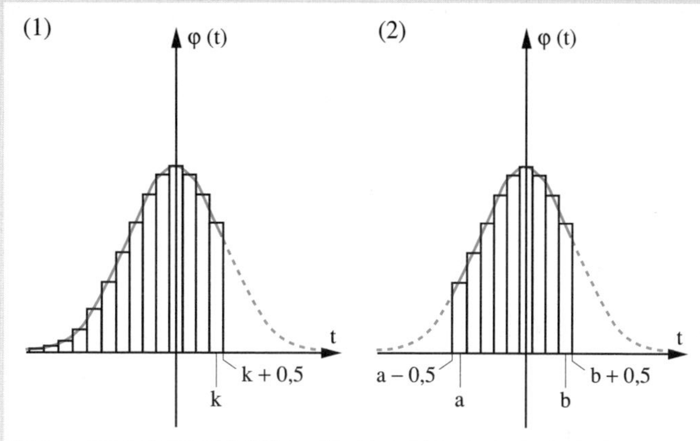

(1) Wahrscheinlichkeit für *höchstens k Erfolge:*

$$P(X \le k) \approx \phi\left(\frac{k+0{,}5-\mu}{\sigma}\right) \overset{(*)}{\approx} \phi\left(\frac{k-\mu}{\sigma}\right)$$

(2) Wahrscheinlichkeit für *mindestens a, höchstens b Erfolge:*

$$P(a \le X \le b) \approx \phi\left(\frac{b+0{,}5-\mu}{\sigma}\right) - \phi\left(\frac{a-0{,}5-\mu}{\sigma}\right)$$

$$\overset{(*)}{\approx} \phi\left(\frac{b-\mu}{\sigma}\right) - \phi\left(\frac{a-\mu}{\sigma}\right)$$

Spezialfall: a = b = k (genau k Erfolge)

$$P(X = k) \approx \phi\left(\frac{k+0{,}5-\mu}{\sigma}\right) \quad \phi\left(\frac{k-0{,}5-\mu}{\sigma}\right)$$

Formeln für Umgebungen von μ:

$$P(\mu - z \cdot \sigma \le X \le \mu + z \cdot \sigma) \approx \phi\left(z + \frac{1}{2\sigma}\right) - \phi\left(-z - \frac{1}{2\sigma}\right) = 2 \cdot \phi\left(z + \frac{1}{2\sigma}\right) - 1$$

$$\overset{(*)}{\approx} \quad \phi(z) \quad - \quad \phi(-z) \quad = \quad 2\phi(z) \quad - 1$$

(∗): bei großem n

Beurteilende Statistik

Binomialverteilung

Sei X eine binomialverteilte Zufallsgröße, $n \cdot p \cdot q > 9$

Schluß von der Gesamtheit auf die Stichprobe

Gegeben: p und n

Frage: Welches Ergebnis kann man erwarten?

Punktschätzung: Es werden ungefähr μ Erfolge auftreten, die relative Häufigkeit $\frac{X}{n}$ der Anzahl der Erfolge ist ungefähr p.

Intervallschätzung: Die Anzahl der Erfolge liegt mit Wahrscheinlichkeit γ im Intervall $[\mu - z \cdot \sigma; \mu + z \cdot \sigma]$; die relative Häufigkeit $\frac{X}{n}$ der Anzahl der Erfolge liegt mit Wahrscheinlichkeit γ im Intervall $\left[p - z \cdot \frac{\sigma}{n}; p + z \cdot \frac{\sigma}{n}\right]$.

γ	0,68	0,90	0,95	0,955	0,99	0,997	0,999
z	1	1,64	1,96	2	2,58	3	3,27

Testen einer Hypothese über p

Gegeben: n und ein hypothetischer Wert für p

Frage: Liegt p dem Versuch zugrunde?

Zweiseitiger Test

Hypothese: $p = p_0$

Entscheidungsregel: Verwirf die Hypothese H_0 bei signifikanter Abweichung nach oben oder unten, d. h. falls
$|X - \mu_0| > z \cdot \sigma_0$

Einseitiger Test

Hypothese: $p \geq p_0$ $[p < p_0]$

Entscheidungsregel: Verwirf die Hypothese H_0 bei signifikanter Abweichung nach unten [nach oben], d. h. falls
$X < \mu_0 - z \cdot \sigma_0$ $[X \geq \mu_0 + z \cdot \sigma_0]$

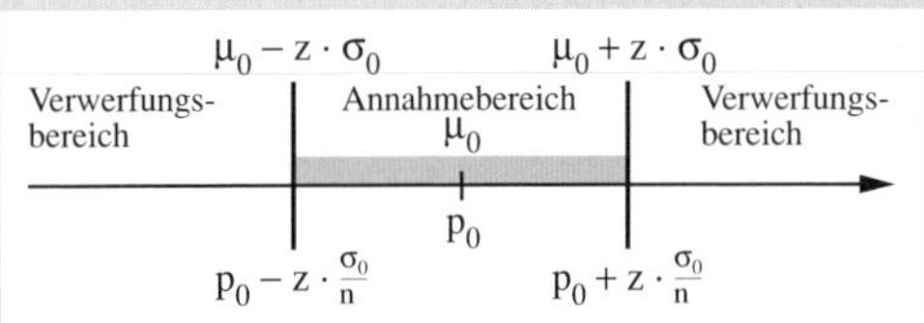

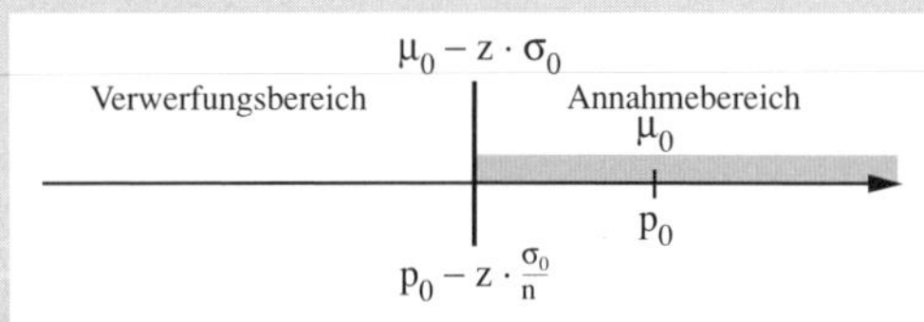

Mit Wahrscheinlichkeit 1 – γ (zweiseitiger Test) bzw. 1 – δ (einseitiger Test) führt das Verfahren zur Ablehnung von H_0, obwohl H_0 richtig ist *(Fehler 1. Art)*.
Fehler 2. Art: H_0 ist falsch; da das Ergebnis zufällig im Annahmebereich der Hypothese H_0 liegt, wird sie nicht verworfen.

δ bzw. γ: Signifikanzniveau
1 – δ bzw. 1 – γ: Irrtumswahrscheinlichkeit

δ	0,90	0,95	0,99	0,999
z	1,28	1,64	2,33	3,09

Schluß von der Stichprobe auf die Gesamtheit

Gegeben: n und Stichprobenergebnis (Wert für X (absolute Häufigkeit) oder $\frac{X}{n}$ (relative Häufigkeit))

Frage: Welches p liegt zugrunde?

Mit Wahrscheinlichkeit γ ist der Ansatz $|X - \mu| \leq z \cdot \sigma$
d. h. $|X - n \cdot p| \leq z \cdot \sqrt{n \cdot p \cdot (1-p)}$ richtig.

Auflösen nach p ergibt das **γ-Konfidenzintervall für p**. Für jedes p aus diesem Intervall gilt: Das Stichprobenergebnis $\frac{X}{n}$ liegt in der γ-Umgebung von p, d. h., das Stichprobenergebnis X liegt in der γ-Umgebung von $\mu = n \cdot p$

Normalverteilung

Ein Zufallsversuch mit der Zufallsgröße X werde n-mal durchgeführt.
X_i sei die Zufallsgröße der i-ten Stufe mit $\mu_x = E(X) = E(X_i)$ und $\sigma_x^2 = V(X) = V(X_i)$

$\sqrt{n}$-Gesetz: Für das Stichprobenmittel $\overline{X} = \frac{1}{n}(X_i + \ldots + X_n)$ gilt:

$$\mu_{\overline{X}} = E(\overline{X}) = E(X) = \mu_X, \qquad \sigma_{\overline{X}} = \sqrt{V(\overline{X})} = \sqrt{\frac{1}{n} V(X)} = \frac{\sigma_x}{\sqrt{n}}.$$

Nach Zentralem Grenzwertsatz ist $\overline{X}$ annähernd normalverteilt, wenn n hinreichend groß. Dann sind Wahrscheinlichkeitsaussagen über $\overline{X}$ möglich, z. B.

$$P\left(|\overline{X} - \mu_x| \leq 1{,}96 \frac{\sigma_x}{\sqrt{n}}\right) \approx 0{,}95$$ (vgl. S. 30)

χ^2-Anpassungstest

Polynomialversuch:

Ein Zufallsversuch werde n-mal durchgeführt. Auf jeder Stufe kann eines von r möglichen Ergebnissen mit festen Wahrscheinlichkeiten $p_1, p_2, \ldots, p_r$ auftreten (Merkmal mit r Ausprägungen).
Anzahl der Freiheitsgrade: $f = r - 1$.

Vergleich der absoluten Häufigkeiten H_i mit den Erwartungswerten $\mu_i = n \cdot p_i$ (bzw. der relativen Häufigkeiten h_i mit den Erfolgswahrscheinlichkeiten p_i):

$$\chi^2 = \sum_{i=1}^{r} \frac{(H_i - \mu_i)^2}{\mu_i} = n \cdot \sum_{i=1}^{r} \frac{(h_i - p_i)^2}{p_i} = \frac{1}{n}\left(\sum_{i=1}^{r} \frac{H_i^2}{p_i}\right) - n$$

Entscheidungsregel: Verwirf die Hypothese ›Dem Zufallsversuch liegen Wahrscheinlichkeiten $p_1, p_2, \ldots, p_r$ zugrunde, falls $\chi^2 > C_f$‹.

$f = r - 1$	1	2	3	4	5	6	7	8
C_f für $P(\chi^2 > C_f) = 0{,}05$	3,84	5,99	7,81	9,49	11,07	12,59	14,07	15,51
C_f für $P(\chi^2 > C_f) = 0{,}01$	6,63	9,21	11,34	13,28	15,09	16,81	18,48	20,09

Kumulierte Binomialverteilung für n = 100

k	p = 0,1	$p = \frac{1}{6}$	p = 0,2	p = 0,25	p = 0,3	$p = \frac{1}{3}$	p = 0,4	p = 0,5
0	0,000							
1	0,000							
2	0,002							
3	0,008							
4	0,024							
5	0,058	0,000						
6	0,117	0,001						
7	0,206	0,004	0,000					
8	0,321	0,010	0,001					
9	0,451	0,021	0,002					
10	0,583	0,043	0,006					
11	0,703	0,078	0,013	0,000				
12	0,802	0,130	0,025	0,001				
13	0,876	0,200	0,047	0,002				
14	0,927	0,287	0,080	0,005				
15	0,960	0,388	0,129	0,011	0,000			
16	0,979	0,494	0,192	0,021	0,001			
17	0,990	0,599	0,271	0,038	0,002			
18	0,995	0,696	0,362	0,063	0,005	0,000		
19	0,998	0,780	0,460	0,100	0,009	0,001		
20	0,999	0,848	0,559	0,149	0,016	0,002		
21	1,000	0,900	0,654	0,211	0,029	0,005		
22		0,937	0,739	0,286	0,048	0,009		
23		0,962	0,811	0,371	0,076	0,016	0,000	
24		0,978	0,869	0,462	0,114	0,028	0,001	
25		0,988	0,913	0,553	0,163	0,046	0,001	
26		0,994	0,944	0,642	0,224	0,071	0,002	
27		0,997	0,966	0,722	0,296	0,107	0,005	
28		0,999	0,980	0,792	0,377	0,152	0,008	
29		0,999	0,989	0,850	0,462	0,209	0,015	
30		1,000	0,994	0,896	0,549	0,277	0,025	
31			0,997	0,931	0,633	0,353	0,040	
32			0,998	0,955	0,711	0,434	0,062	
33			0,999	0,972	0,779	0,519	0,091	0,000
34			1,000	0,984	0,837	0,602	0,130	0,001
35				0,991	0,884	0,680	0,179	0,002
36				0,995	0,920	0,751	0,239	0,003
37				0,997	0,947	0,812	0,307	0,006
38				0,999	0,966	0,863	0,382	0,010
39				0,999	0,979	0,903	0,462	0,018
40				1,000	0,987	0,934	0,543	0,028
41					0,993	0,957	0,623	0,044
42					0,996	0,972	0,697	0,067
43					0,998	0,983	0,763	0,097
44					0,999	0,990	0,821	0,136
45					0,999	0,994	0,869	0,184
46					1,000	0,997	0,907	0,242
47						0,998	0,936	0,309
48						0,999	0,958	0,382
49						1,000	0,973	0,460
50							0,983	0,540
51							0,990	0,618
52							0,994	0,691
53							0,997	0,758
54							0,998	0,816
55							0,999	0,864
56							1,000	0,903
57								0,933
58								0,956
59								0,972
60								0,982
61								0,990
62								0,994
63								0,997
64								0,998
65								0,999
66								1,000

Tafel: GAUSSsche Integralfunktion $\Phi(z) = \frac{1}{\sqrt{2\pi}} \int_{-\infty}^{z} e^{-\frac{t^2}{2}}\,dt$

z	Φ(−z)	Φ(z)	z	Φ(−z)	Φ(z)	z	Φ(−z)	Φ(z)	z	Φ(−z)	Φ(z)
	0,	0,		0,	0,		0,	0,		0,	0,
0,01	4960	5040	0,76	2236	7764	1,51	0655	9345	2,26	0119	9881
0,02	4920	5080	0,77	2206	7794	1,52	0643	9357	2,27	0116	9884
0,03	4880	5120	0,78	2177	7823	1,53	0630	9370	2,28	0113	9887
0,04	4840	5160	0,79	2148	7852	1,54	0618	9382	2,29	0110	9890
0,05	4801	5199	0,80	2119	7881	1,55	0606	9394	2.30	0107	9893
0,06	4761	5239	0,81	2090	7910	1,56	0594	9406	2,31	0104	9896
0,07	4721	5279	0,82	2061	7939	1,57	0582	9418	2,32	0102	9898
0,08	4681	5319	0,83	2033	7967	1,58	0571	9429	2,33	0099	9901
0,09	4641	5359	0,84	2005	7995	1,59	0559	9441	2,34	0096	9904
0,10	4602	5398	0,85	1977	8023	1,60	0548	9452	2,35	0094	9906
0,11	4562	5438	0,86	1949	8051	1,61	0537	9463	2,36	0091	9909
0,12	4522	5478	0,87	1922	8078	1,62	0526	9474	2,37	0089	9911
0,13	4483	5517	0,88	1894	8106	1,63	0516	9484	2,38	0087	9913
0,14	4443	5557	0,89	1867	8133	1,64	0505	9495	2,39	0084	9916
0,15	4404	5596	0,90	1841	8159	1,65	0495	9505	2,40	0082	9918
0,16	4364	5636	0,91	1814	8186	1,66	0485	9515	2,41	0080	9920
0,17	4325	5675	0,92	1788	8212	1,67	0475	9525	2,42	0078	9922
0,18	4286	5714	0,93	1762	8238	1,68	0465	9535	2,43	0075	9925
0,19	4247	5753	0,94	1736	8264	1,69	0455	9545	2,44	0073	9927
0,20	4207	5793	0,95	1711	8289	1,70	0446	9554	2,45	0071	9929
0,21	4168	5832	0,96	1685	8315	1,71	0436	9564	2,46	0069	9931
0,22	4129	5871	0,97	1660	8340	1,72	0427	9573	2,47	0068	9932
0,23	4090	5910	0,98	1635	8365	1,73	0418	9582	2,48	0066	9934
0,24	4052	5948	0,99	1611	8389	1,74	0409	9591	2,49	0064	9936
0,25	4013	5987	1,00	1587	8413	1,75	0401	9599	2,50	0062	9938
0,26	3974	6026	1,01	1562	8438	1,76	0392	9608	2,51	0060	9940
0,27	3936	6064	1,02	1539	8461	1,77	0384	9616	2,52	0059	9941
0,28	3897	6103	1,03	1515	8485	1,78	0375	9625	2,53	0057	9943
0,29	3859	6141	1,04	1492	8508	1,79	0367	9633	2,54	0055	9945
0,30	3821	6179	1,05	1469	8531	1,80	0359	9641	2,55	0054	9946
0,31	3783	6217	1,06	1446	8554	1,81	0351	9649	2,56	0052	9948
0,32	3745	6255	1,07	1423	8577	1,82	0344	9656	2,57	0051	9949
0,33	3707	6293	1,08	1401	8599	1,83	0336	9664	2,58	0049	9951
0,34	3669	6331	1,09	1379	8621	1,84	0329	9671	2,59	0048	9952
0,35	3632	6368	1,10	1357	8643	1,85	0322	9678	2,60	0047	9953
0,36	3594	6406	1,11	1335	8665	1,86	0314	9686	2,61	0045	9955
0,37	3557	6443	1,12	1314	8686	1,87	0307	9693	2,62	0044	9956
0,38	3520	6480	1,13	1292	8708	1,88	0301	9699	2,63	0043	9957
0,39	3483	6517	1,14	1271	8729	1,89	0294	9706	2,64	0041	9959
0,40	3446	6554	1,15	1251	8749	1,90	0287	9713	2,65	0040	9960
0,41	3409	6591	1,16	1230	8770	1,91	0281	9719	2,66	0039	9961
0,42	3372	6628	1,17	1210	8790	1,92	0274	9726	2,67	0038	9962
0,43	3336	6664	1,18	1190	8810	1,93	0268	9732	2,68	0037	9963
0,44	3300	6700	1,19	1170	8830	1,94	0262	9738	2,69	0036	9964
0,45	3264	6736	1,20	1151	8849	1,95	0256	9744	2,70	0035	9965
0,46	3228	6772	1,21	1131	8869	1,96	0250	9750	2,71	0034	9966
0,47	3192	6808	1,22	1112	8888	1,97	0244	9756	2,72	0033	9967
0,48	3156	6844	1,23	1093	8907	1,98	0239	9761	2,73	0032	9968
0,49	3121	6879	1,24	1075	8925	1,99	0233	9767	2,74	0031	9969
0,50	3085	6915	1,25	1056	8944	2,00	0228	9772	2,75	0030	9970
0,51	3050	6950	1,26	1038	8962	2,01	0222	9778	2,76	0029	9971
0,52	3015	6985	1,27	1020	8980	2,02	0217	9783	2,77	0028	9972
0,53	2981	7019	1,28	1003	8997	2,03	0212	9788	2,78	0027	9973
0,54	2946	7054	1,29	0985	9015	2,04	0207	9793	2,79	0026	9974
0,55	2912	7088	1,30	0968	9032	2,05	0202	9798	2,80	0026	9974
0,56	2877	7123	1,31	0951	9049	2,06	0197	9803	2,81	0025	9975
0,57	2843	7157	1,32	0934	9066	2,07	0192	9808	2,82	0024	9976
0,58	2810	7190	1,33	0918	9082	2,08	0188	9812	2,83	0023	9977
0,59	2776	7224	1,34	0901	9099	2,09	0183	9817	2,84	0023	9977
0,60	2743	7257	1,35	0885	9115	2,10	0179	9821	2,85	0022	9978
0,61	2709	7291	1,36	0869	9131	2,11	0174	9826	2,86	0021	9979
0,62	2676	7324	1,37	0853	9147	2,12	0170	9830	2,87	0021	9979
0,63	2643	7357	1,38	0838	9162	2,13	0166	9834	2,88	0020	9980
0,64	2611	7389	1,39	0823	9177	2,14	0162	9838	2,89	0019	9981
0,65	2578	7422	1,40	0808	9192	2,15	0158	9842	2,90	0019	9981
0,66	2546	7454	1,41	0793	9207	2,16	0154	9846	2,91	0018	9982
0,67	2514	7486	1,42	0778	9222	2,17	0150	9850	2,92	0018	9982
0,68	2483	7517	1,43	0764	9236	2,18	0146	9854	2,93	0017	9983
0,69	2451	7549	1,44	0749	9251	2,19	0143	9857	2,94	0016	9984
0,70	2420	7580	1,45	0735	9265	2,20	0139	9861	2,95	0016	9984
0,71	2389	7611	1,46	0721	9279	2,21	0136	9864	2,96	0015	9985
0,72	2358	7642	1,47	0708	9292	2,22	0132	9868	2,97	0015	9985
0,73	2327	7673	1,48	0694	9306	2,23	0129	9871	2,98	0014	9986
0,74	2296	7704	1,49	0681	9319	2,24	0125	9875	2,99	0014	9986
0,75	2266	7734	1,50	0668	9332	2,25	0122	9878	3,00	0013	9987

Analysis

Funktionen

Eine Abbildung f, die jedem Element x aus einer **Definitionsmenge D_f** eindeutig ein Element y aus einer **Wertemenge W_f** zuordnet, heißt Funktion.
Man sagt: y ist eine **Funktion** von x (Schreibweise y = f(x)).
Der **Graph einer Funktion** f ist die Menge aller Punkte $(x \mid y)$ mit $x \in D_f$, $y = f(x)$

Umkehrfunktion

f umkehrbar auf D_f: Jedem Funktionswert $y \in W_f$ kann man eindeutig ein Urbild $x \in D_f$ zuordnen.

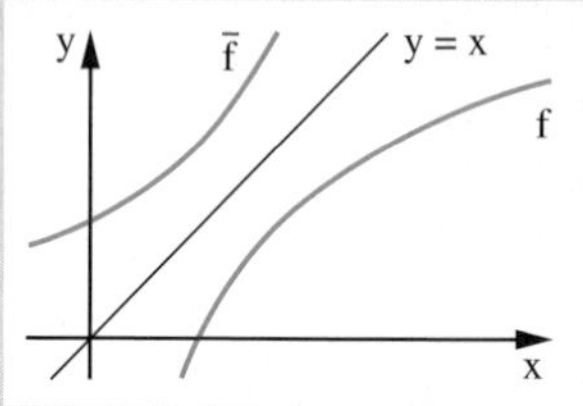

Definitions-/Wertemenge von $\bar{f}$: $D_{\bar{f}} = W_f$, $W_{\bar{f}} = D_f$

Graph von $\bar{f}$: Spiegelung des Graphen von f an der Geraden y = x

Satz: Streng monotone Funktionen sind umkehrbar.

Folgen/Spezielle Folgen

Folge $(a_n)_{n \in \mathbb{N}}$: Funktion mit $D_f = \mathbb{N}^*$ Folgenglieder: $a_1, a_2, a_3, \ldots$

arithmetische Folge

Differenz zweier benachbarter Glieder ist konstant:

$$a_{n+1} - a_n = d$$

Berechnung des n-ten Folgengliedes:

$$a_n = a_1 + (n-1) \cdot d$$

Berechnung der Summe der ersten n Glieder:

$$s_n = a_1 + a_2 + \ldots + a_n \quad \text{(Reihe)}$$

$$s_n = \frac{n}{2}(a_1 + a_n)$$

$$s_n = \frac{n}{2}(2a_1 + (n-1) \cdot d)$$

geometrische Folge

Quotient zweier benachbarter Glieder ist konstant:

$$\frac{a_{n+1}}{a_n} = q$$

Berechnung des n-ten Folgengliedes:

$$a_n = a_1 \cdot q^{n-1}$$

Berechnung der Summe der ersten n Glieder:

$$s_n = a_1 + a_2 + \ldots + a_n \quad \text{(Reihe)}$$

$$s_n = a_1 \cdot \frac{1-q^n}{1-q}$$

$$s_n = a_1 \cdot \frac{q^n - 1}{q - 1}$$

Unendliche geometrische Reihe:

$$s = \lim_{n \to \infty} s_n = \frac{a_1}{1-q} \quad \text{falls } |q| < 1$$

Potenzsummen

$$\sum_{k=1}^{n} k = \frac{1}{2} n (n+1)$$

$$\sum_{k=1}^{n} k^2 = \frac{1}{6} n (n+1)(2n+1)$$

$$\sum_{k=1}^{n} k^3 = \frac{1}{4} n^2 (n+1)^2$$

$$\sum_{k=1}^{n} k^4 = \frac{1}{30} n (n+1)(2n+1)(3n^2 + 3n - 1)$$

Grenzwert von Folgen

$(a_n)_{n \in \mathbb{N}}$ konvergent mit Grenzwert a (Schreibweise: $\lim\limits_{n \to \infty} a_n = a$):

Die Folgenglieder unterscheiden sich schließlich beliebig wenig von a, d. h.:

Zu jedem $\varepsilon \in \mathbb{R}^+$ kann man ein a_{n_0} angeben, so daß für alle weiteren Folgenglieder a_n mit $n > n_0$ gilt: $|a_n - a| < \varepsilon$

Nicht konvergente Folgen heißen divergent.

Grenzwertsätze

Falls $\lim\limits_{n \to \infty} a_n = a$, $\lim\limits_{n \to \infty} b_n = b$ $(a, b \in \mathbb{R})$, dann gilt:

(1) $\lim\limits_{n \to \infty} (a_n \pm b_n) = a \pm b$

(2) $\lim\limits_{n \to \infty} (a_n \cdot b_n) = a \cdot b$

(3) $\lim\limits_{n \to \infty} \left(\frac{a_n}{b_n}\right) = \frac{a}{b}$, falls $b \neq 0$, $b_n \neq 0$

Folgen mit besonderen Grenzwerten

$\lim\limits_{n \to \infty} \frac{1}{n} = 0$

$\lim\limits_{n \to \infty} q^n = 0$ falls $|q| < 1$

$\lim\limits_{n \to \infty} \sqrt[n]{n} = 1$

$\lim\limits_{n \to \infty} \frac{a^n}{n!} = 0$ für bel. $a \in \mathbb{R}$

$\lim\limits_{n \to \infty} \left(1 + \frac{1}{n}\right)^n = e$

$\lim\limits_{n \to \infty} \left(1 - \frac{1}{n}\right)^n = \frac{1}{e}$

allgemein: $\lim\limits_{n \to \infty} \left(1 + \frac{a}{n}\right)^n = e^a$, $a \in \mathbb{R}$

$$\lim_{n \to \infty} \left(1 - \frac{1}{2} + \frac{1}{3} - \frac{1}{4} + \ldots + (-1)^{n-1} \frac{1}{n}\right) = \ln 2$$

$$\lim_{n \to \infty} \left(\frac{a^0}{0!} + \frac{a^1}{1!} + \frac{a^2}{2!} + \ldots + \frac{a^n}{n!}\right) = e^a, \quad a \in \mathbb{R}$$

$$\lim_{n \to \infty} \left(1 + \frac{1}{4} + \frac{1}{9} + \ldots + \frac{1}{n^2}\right) = \frac{\pi^2}{6}$$

$$\lim_{n \to \infty} \left(1 - \frac{1}{3} + \frac{1}{5} - \frac{1}{7} + \ldots + (-1)^{n-1} \frac{1}{2n-1}\right) = \frac{\pi}{4}$$

Die Folge $\left(1 + \frac{1}{2} + \frac{1}{3} + \ldots + \frac{1}{n}\right)$ ist divergent (sogenannte *harmonische Reihe*)

Monotonie von Folgen

$(a_n)_{n \in \mathbb{N}}$ monoton fallend:	$a_n \geq a_{n+1}$	für alle $n \in \mathbb{N}$
$(a_n)_{n \in \mathbb{N}}$ streng monoton fallend:	$a_n > a_{n+1}$	für alle $n \in \mathbb{N}$
$(a_n)_{n \in \mathbb{N}}$ monoton steigend:	$a_n \leq a_{n+1}$	für alle $n \in \mathbb{N}$
$(a_n)_{n \in \mathbb{N}}$ streng monoton steigend:	$a_n < a_{n+1}$	für alle $n \in \mathbb{N}$
$(a_n)_{n \in \mathbb{N}}$ beschränkt:	Es gibt (untere und obere Schranken) S_u, S_o mit: $S_u \leq a_n \leq S_o$	für alle $n \in N$

Satz: Monotone und beschränkte Folgen sind konvergent.

Monotonie und Beschränktheit von Funktionen

f monoton fallend auf I:	$f(x_1) \geq f(x_2)$	für alle $x_1, x_2 \in I$	mit	$x_1 < x_2$
f streng monoton fallend auf I:	$f(x_1) > f(x_2)$	für alle $x_1, x_2 \in I$	mit	$x_1 < x_2$
f monoton steigend auf I:	$f(x_1) \leq f(x_2)$	für alle $x_1, x_2 \in I$	mit	$x_1 < x_2$
f streng monoton steigend auf I:	$f(x_1) < f(x_2)$	für alle $x_1, x_2 \in I$	mit	$x_1 < x_2$

f beschränkt auf I: Es gibt (untere und obere Schranken) S_u, S_o mit:
$S_u \leq f(x) \leq S_o$ für alle $x \in I$

Grenzwerte von Funktionen

(1) $\lim\limits_{x \to a} f(x) = g$: Für jede Folge von x-Werten $(x_n)_{n \in \mathbb{N}} \in D_f$ mit $\lim\limits_{n \to \infty} x_n = a$ gilt: $\lim\limits_{n \to \infty} f(x_n) = g$

Andere Schreibweise: $\lim\limits_{h \to 0} f(a + h) = g$, dabei steht h für eine Nullfolge $(h_n)_{n \in \mathbb{N}}$, also $x_n = a + h_n$.

(2) $\lim\limits_{x \to +\infty} f(x) = g$ [$\lim\limits_{x \to -\infty} f(x) = g$]: Für jede Folge von x-Werten $(x_n)_{n \in \mathbb{N}} \in D_f$ mit $\lim\limits_{n \to \infty} x_n = +\infty$ [$-\infty$] gilt: $\lim\limits_{n \to \infty} f(x_n) = g$.

Spezielle Grenzwerte von Funktionen

$$\lim_{x \to 0} \frac{\sin x}{x} = 1 \qquad \lim_{x \to 0} \left(x \cdot \sin \frac{1}{x}\right) = 0 \qquad \lim_{x \to 0} (x^x) = 1 \qquad \lim_{x \to \infty} \left(\frac{x^n}{e^x}\right) = 0 \qquad \lim_{x \to \infty} \left(\frac{\ln x}{x^n}\right) = 0$$

Stetigkeit von Funktionen

f stetig in a:	Es gilt: $\lim\limits_{x \to a} f(x) = f(a)$, $a \in D_f$
f stetig auf I (Intervall):	Für alle $a \in I$ ist f stetig in a
f in a stetig ergänzbar:	$\lim\limits_{x \to a} f(x)$ existiert, $a \notin D_f$

Sätze über stetige Funktionen

(1) Summen, Differenzen, Produkte und Quotienten von stetigen Funktionen sind wieder stetig (Ausnahme: Nullstellen der Nennerfunktion).

(2) Für stetige Funktionen auf abgeschlossenem Intervall [a, b] gilt:

Nullstellensatz:
Haben f(a) und f(b) verschiedene Vorzeichen, dann existiert $x_0 \in]a; b[$ mit $f(x_0) = 0$

Zwischenwertsatz:
Für alle Werte $y_1 \in [f(a); f(b)]$ existiert $x_1 \in [a; b]$ mit $f(x_1) = y_1$

Satz vom Maximum/Minimum
Es existiert mindestens eine Stelle $x_{max} \in [a; b]$, an der f ein Maximum hat, und mindestens eine Stelle $x_{min} \in [a; b]$, an der f ein Minimum hat.

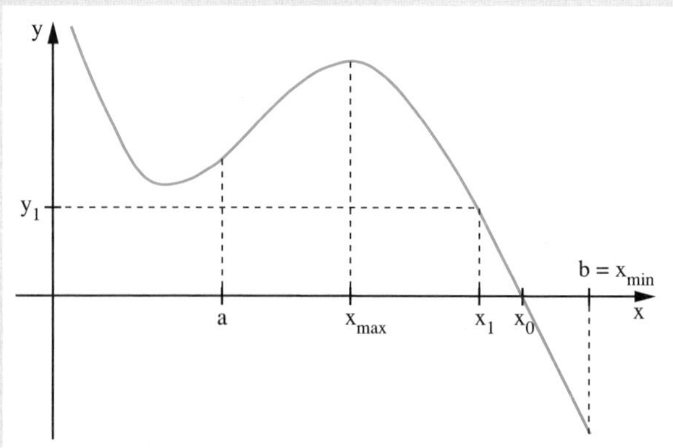

Differenzierbarkeit von Funktionen

Differenzenquotient: Steigung einer Sekante durch (a | f(a))

Differentialquotient: Grenzwert des Differenzenquotienten

$$f'(a) = \lim_{x \to a} \frac{f(x) - f(a)}{x - a} = \lim_{h \to 0} \frac{f(a + h) - f(a)}{h} \quad \text{(Ableitung)}$$

f differenzierbar in a: $f'(a)$ existiert

f differenzierbar auf I: Für alle $a \in I$ existiert $f'(a)$

Tangenten an den Graphen

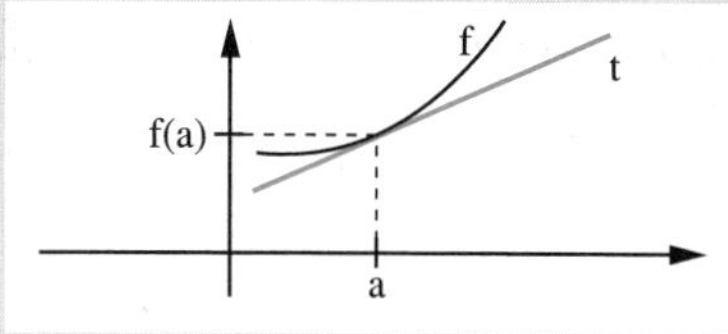

Gleichung der Tangente an den Graphen von f im Punkt (a | f(a)):

$t(x) = f'(a) \cdot (x - a) + f(a)$

Ableitungsregeln

(1) f, g differenzierbar, $k \in \mathbb{R}$

Konstantenregel	$f = \text{konst} \Rightarrow f' = 0$
Summenregel	$(f \pm g)' = f' \pm g'$
Faktorregel	$(k \cdot f)' = k \cdot f'$
Produktregel	$(f \cdot g)' = f' \cdot g + f \cdot g'$

Quotientenregel[1]	$\left(\frac{f}{g}\right)' = \frac{f' \cdot g - f \cdot g'}{g^2}$
Reziprokenregel[1]	$\left(\frac{1}{g}\right)' = -\frac{g'}{g^2}$
Kettenregel[2]	$(g \circ f)' = (g' \circ f) \cdot f'$ $(g \circ f)'(a) = g'(f(a)) \cdot f'(a)$

[1] $g(x) \neq 0$ [2] Voraussetzung: f in a und g in f(a) differenzierbar

(2) Ableitung der *Umkehrfunktion* $\bar{f}$: $\bar{f}' = \frac{1}{f' \circ \bar{f}}$ d. h. für $b = f(a)$, also $a = \bar{f}(b)$: $\bar{f}'(b) = \frac{1}{f'(a)}$

Sätze über differenzierbare Funktionen

(1) f differenzierbar in a $\Rightarrow$ f stetig in a.

(2) *Mittelwertsatz der Differentialrechnung:*

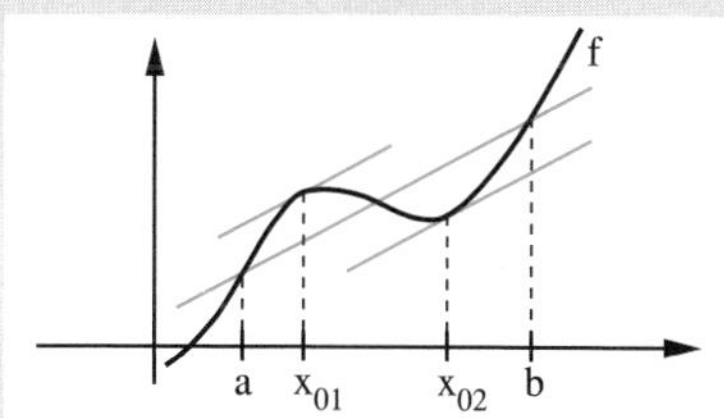

f differenzierbar auf [a; b] $\Rightarrow$
Es existiert mindestens eine Stelle $x_0 \in]a; b[$ mit
$f'(x_0) = \frac{f(b) - f(a)}{b - a}$

(Tangentensteigung in x_0 = Steigung der Sekante durch (a | f(a)), (b | f(b)))

(3) *Monotoniesätze:*

$f'(x) > 0$ auf I $\Rightarrow$ f streng monoton steigend auf I
$f'(x) < 0$ auf I $\Rightarrow$ f streng monoton fallend auf I
$f'(x) = 0$ auf I $\Leftrightarrow$ f konstant auf I

(4) *Satz über Stammfunktionen:*

Je zwei Stammfunktionen F_1, F_2 von f unterscheiden sich nur um eine additive Konstante, d. h. $F_1(x) - F_2(x) = \text{konstant}$ (F Stammfunktion von f: $F' = f$)

Umkehrfunktionen der trigonometrischen Funktionen

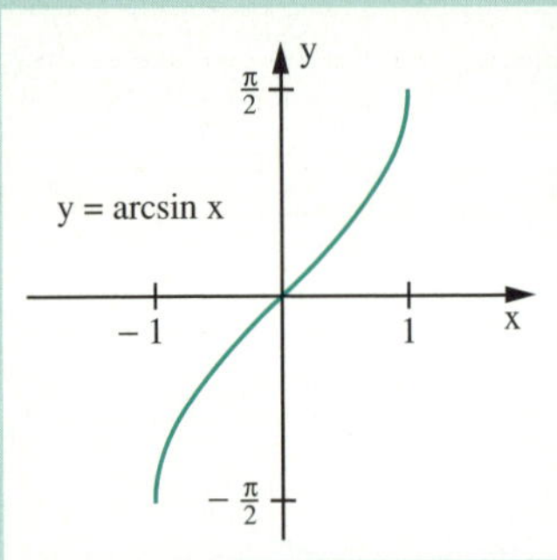

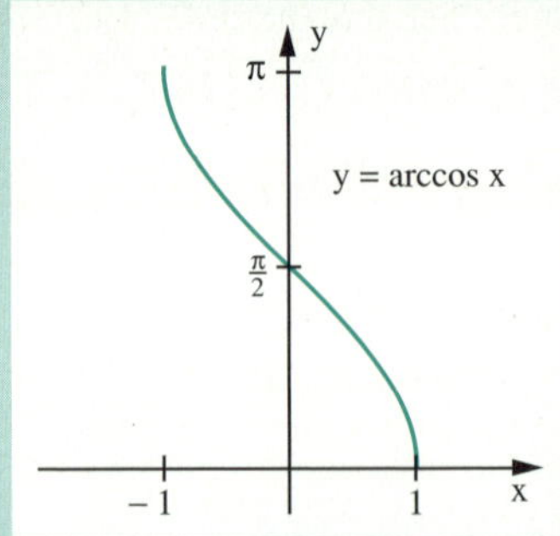

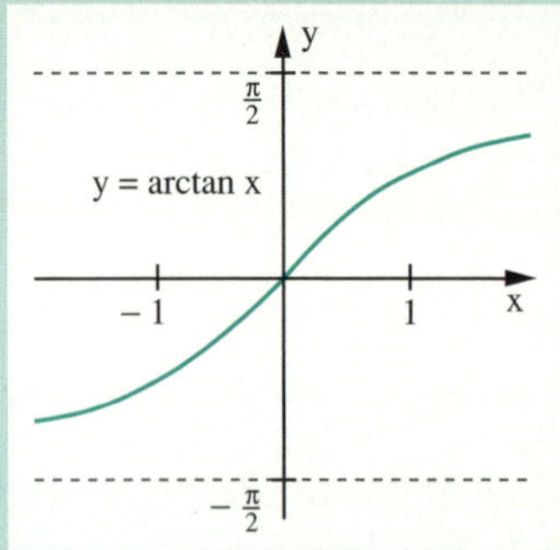

arcsin x: $[-1; 1] \rightarrow [-\frac{\pi}{2}; \frac{\pi}{2}]$

arccos x : $[-1; 1] \rightarrow [0; \pi]$

arctan x: $\mathbb{R} \rightarrow]-\frac{\pi}{2}; +\frac{\pi}{2}[$

Hyperbelfunktionen

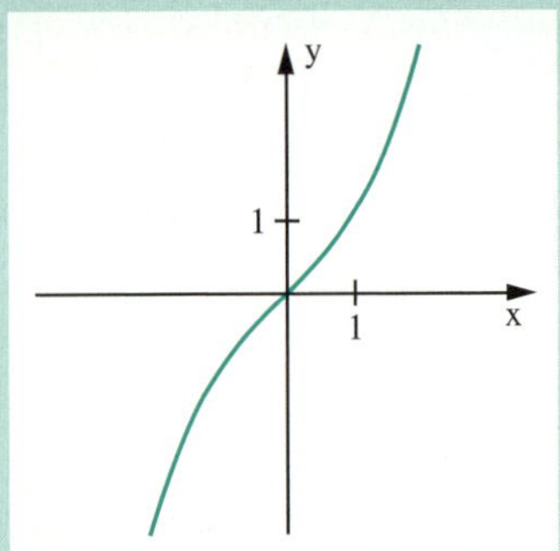

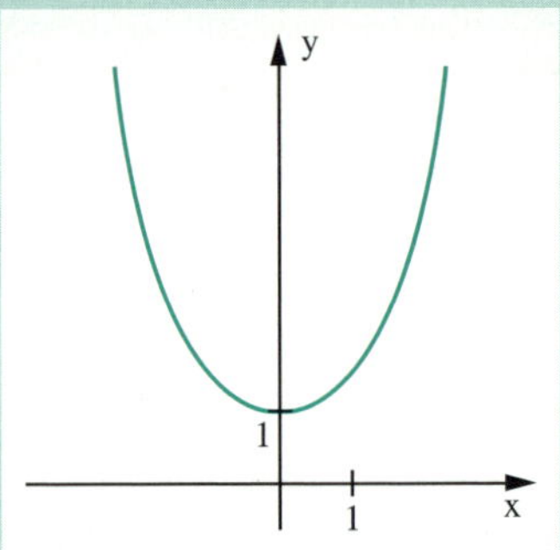

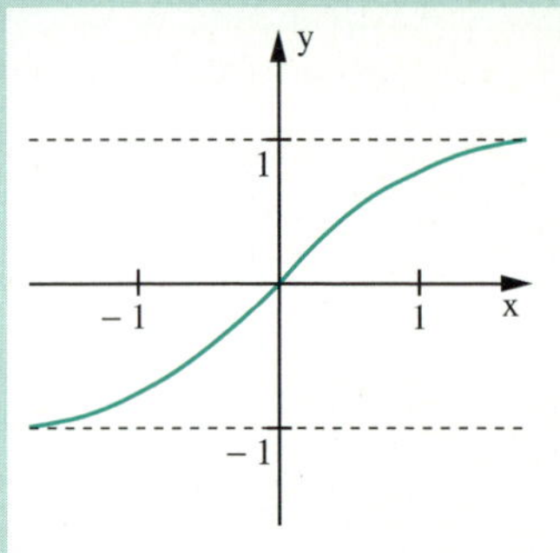

$\sinh x = \frac{1}{2}(e^x - e^{-x})$

$\sinh x : \mathbb{R} \rightarrow \mathbb{R}$

$\cosh x = \frac{1}{2}(e^x + e^{-x})$

$\cosh x: \mathbb{R} \rightarrow [+1; +\infty[$

$\tanh x = \frac{\sinh x}{\cosh x}$

$\tanh x : \mathbb{R} \rightarrow]-1; +1[$

Zusammenhänge:

$\cosh^2 x - \sinh^2 x = 1$

$1 - \tanh^2 x = \frac{1}{\cosh^2 x}$

Umkehrfunktionen der Hyperbelfunktionen

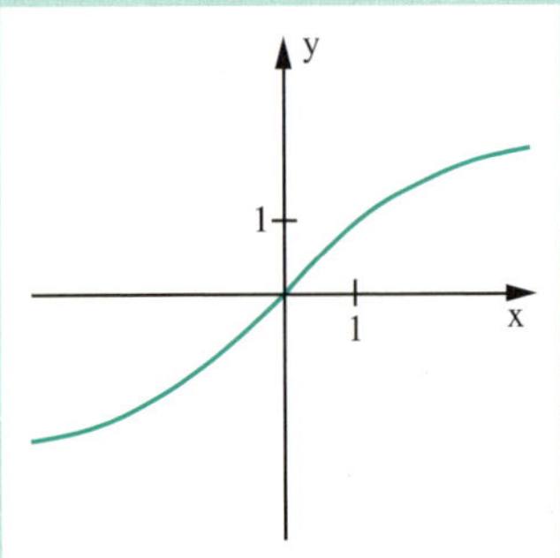

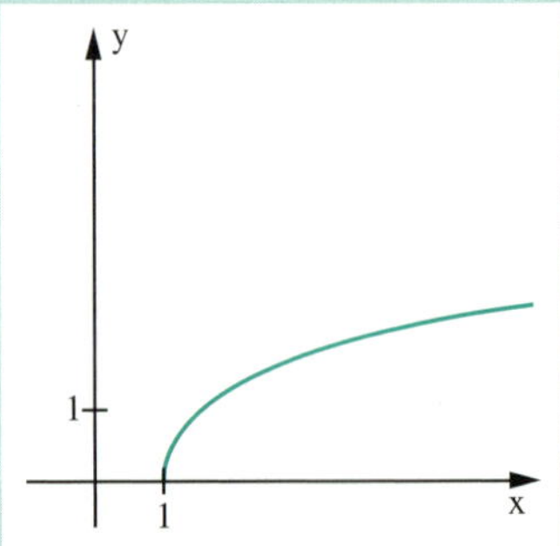

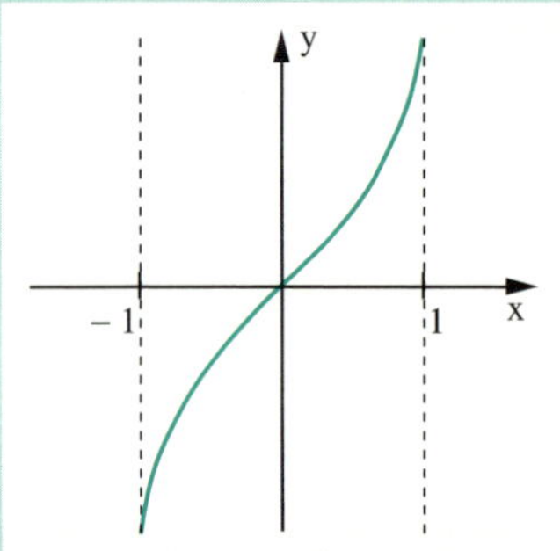

$\operatorname{arsinh} x = \ln(x + \sqrt{x^2 + 1})$

$\operatorname{arsinh} x: \mathbb{R} \rightarrow \mathbb{R}$

$\operatorname{arcosh} x = \ln(x + \sqrt{x^2 - 1})$

$\operatorname{arcosh} x: [+1; +\infty[\rightarrow \mathbb{R}_0^+$

$\operatorname{artanh} x = \frac{1}{2} \ln \frac{1 + x}{1 - x}$

$\operatorname{artanh} x:]-1; +1[\rightarrow \mathbb{R}$

Ableitungen und Stammfunktionen

$F'(x) = f(x)$	$F(x)$	$F'(x) = f(x)$	$F(x)$
$x^r, \quad r \neq -1$	$\frac{x^{r+1}}{r+1}$	$(ax+b)^r, \quad r \neq 1$	$\frac{(ax+b)^{r+1}}{a\,(r+1)}$
$\sqrt{x}$	$\frac{2}{3}\,x^{\frac{3}{2}}$	$\sqrt{ax+b}$	$\frac{2}{3a}\,(ax+b)^{\frac{3}{2}}$
$\frac{1}{x}$	$\ln \lvert x \rvert$	$\frac{1}{x-a}$	$\ln \lvert x-a \rvert$
e^x	e^x	a^x	$\frac{a^x}{\ln a}$
$\ln x$	$x\,(\ln x - 1)$	$\log_a x$	$\frac{a^x}{\ln a}\,(\ln x - 1)$
$\ln a \cdot a^x$	a^x	$\frac{1}{x \cdot \ln a}$	$\log_a x$
$\sin x$	$-\cos x$	$\sinh x$	$\cosh x$
$\cos x$	$\sin x$	$\cosh x$	$\sinh x$
$\tan x$	$-\ln \lvert \cos x \rvert$	$\tanh x$	$\ln \cosh x$
$\frac{1}{\cos^2 x} = 1 + \tan^2 x$	$\tan x$	$\frac{1}{\cosh^2 x} = 1 - \tanh^2 x$	$\tanh x$
$\frac{1}{\sqrt{1-x^2}}$	$\arcsin x$	$\arcsin x$	$x \cdot \arcsin x + \sqrt{1-x^2}$
$-\frac{1}{\sqrt{1-x^2}}$	$\arccos x$	$\arccos x$	$x \cdot \arccos x - \sqrt{1-x^2}$
$\frac{1}{1+x^2}$	$\arctan x$	$\arctan x$	$x \cdot \arctan x - \frac{1}{2}\ln(x^2+1)$
$\frac{1}{\sqrt{x^2+1}}$	$\operatorname{arsinh} x$	$\operatorname{arsinh} x$	$x \operatorname{arsinh} x - \sqrt{x^2+1}$
$\frac{1}{\sqrt{x^2-1}}$	$\operatorname{arcosh} x$	$\operatorname{arcosh} x$	$x \operatorname{arcosh} x - \sqrt{x^2-1}$
$\frac{1}{1-x^2}$	$\operatorname{artanh} x$	$\operatorname{artanh} x$	$x \operatorname{artanh} x + \frac{1}{2}\ln(1-x^2)$
$\frac{1}{\sqrt{a^2-x^2}}$	$\arcsin \frac{x}{a}$	$\sqrt{a^2-x^2}$	$\frac{x}{2}\sqrt{a^2-x^2} + \frac{a^2}{2}\arcsin\frac{x}{a}$
$\frac{1}{\sqrt{x^2 \pm a^2}}$	$\ln \lvert x + \sqrt{x^2 \pm a^2} \rvert$	$\sqrt{x^2 \pm a^2}$	$\frac{x}{2}\sqrt{x^2 \pm a^2} \pm \frac{a^2}{2}\ln \lvert x + \sqrt{x^2 \pm a^2} \rvert$
$\frac{1}{x^2+a^2}$	$\frac{1}{a}\arctan\frac{x}{a}$	$\frac{1}{x^2-a^2}$	$\frac{1}{2a}\ln\left\lvert\frac{x-a}{x+a}\right\rvert$
$\frac{1}{(x-a)\,(x-b)}$	$\frac{1}{a-b}\ln\left\lvert\frac{x-a}{x-b}\right\rvert$	$\frac{1}{a^2-x^2}$	$\frac{1}{2a}\ln\left\lvert\frac{a+x}{a-x}\right\rvert$
$\sin^2 x$	$\frac{1}{2}\,(x - \sin x \cos x)$	$\cos^2 x$	$\frac{1}{2}\,(x + \sin x \cos x)$
$\frac{1}{\sin x}$	$\ln\left\lvert\tan\frac{x}{2}\right\rvert$	$\frac{1}{\cos x}$	$\ln\left\lvert\tan\left(\frac{x}{2}+\frac{\pi}{4}\right)\right\rvert$
$e^{ax}\sin bx$	$\frac{e^{ax}}{a^2+b^2}\,(a \sin bx - b \cos b\,x)$	$e^{ax}\cos bx$	$\frac{e^{ax}}{a^2+b^2}\,(a \cos bx + b \sin b\,x)$

Graphenuntersuchung

(1) **Definitionsmenge**

Menge aller x, die eingesetzt werden dürfen.

(2) **Verhalten an den Rändern** der Definitionsmenge:
Untersuchung von $\lim\limits_{x \to +\infty} f(x)$, $\lim\limits_{x \to -\infty} f(x)$ bzw. $\lim\limits_{x \to r} f(x)$, falls r Randstelle oder Definitionslücke ist.

(3) **Nullstellen**

$f(x_N) = 0$

Nullstellen findet man durch Zerlegen des Funktionsterms in Faktoren: $f(x) = f_1(x) \cdot f_2(x)$ (vgl. auch Linearfaktorzerlegung)

(4) **Symmetrie**

Achsensymmetrie:

zur y-Achse

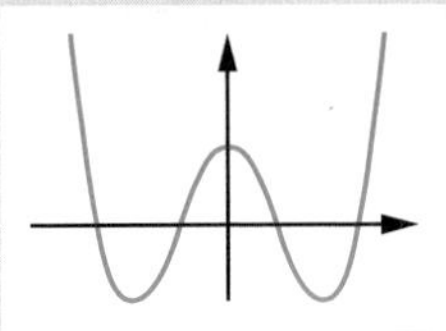

$f(-x) = f(x)$

zu x = a

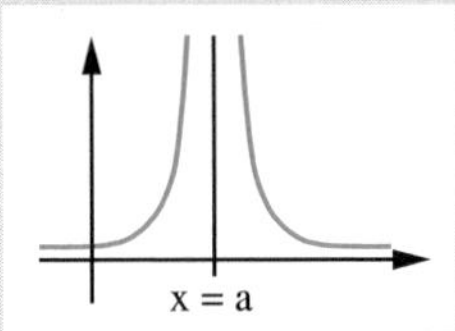

$f(a - x) = f(a + x)$

Punktsymmetrie:

zum Ursprung

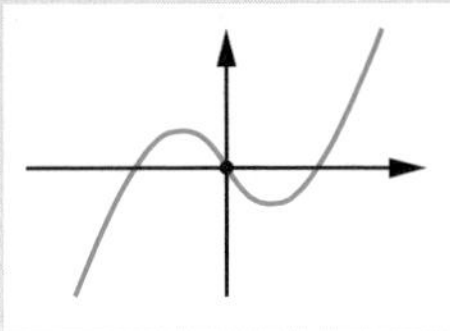

$f(-x) = -f(x)$

zu S (a|b)

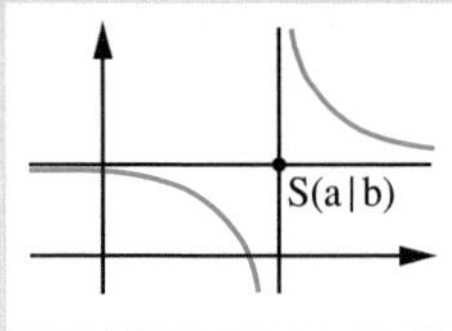

$f(a + x) + f(a - x) = 2b$

Für ganzrationale Funktionen gilt: Treten nur Potenzen von x auf mit
- geraden Exponenten, so liegt Achsensymmetrie zur y-Achse vor.
- ungeraden Exponenten, so liegt Punktsymmetrie zum Ursprung vor.

(5) **Monotonie, Extrempunkte**

Monotonieintervalle sind bestimmt durch die Nullstellen von f′ und die Definitionslücken (vgl. Monotoniesätze S. 37)

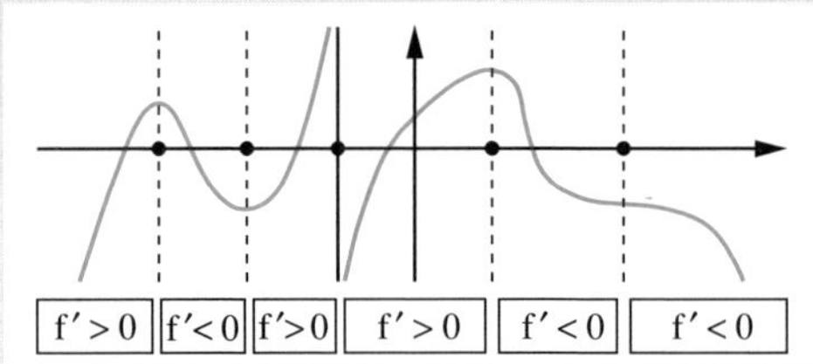

Extremstellen liegen vor, falls:
$f'(x_E) = 0$ und f′ hat Vorzeichenwechsel in x_E
oder: $f'(x_E) = 0$ und $f''(x_E) > 0$ (lokales Minimum)
oder: $f'(x_E) = 0$ und $f''(x_E) < 0$ (lokales Maximum)

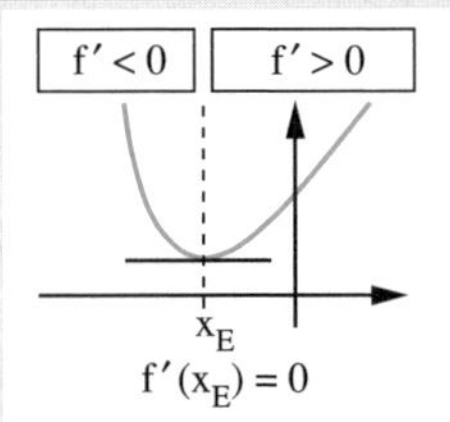

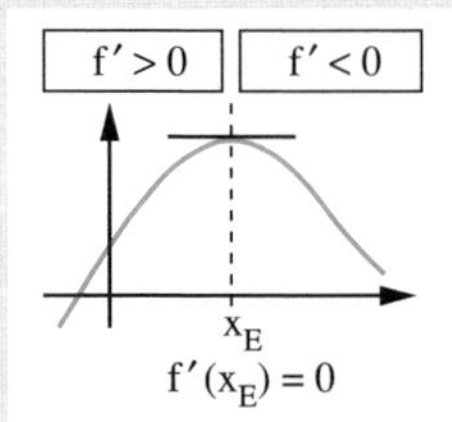

Extrempunkte

Lokales Maximum: $f(x) < f(a)$
Lokales Minimum: $f(x) > f(a)$
für eine Umgebung von a, $x \neq a$

Krümmung

Linkskrümmung: f′ streng monoton steigend
Rechtskrümmung: f′ streng monoton fallend

(6) **Wendepunkte, Krümmung**

Krümmungsintervalle sind bestimmt durch die Nullstellen von f″ und die Definitionslücken

$f''(x) > 0$ für $x \in I \Rightarrow$ Linkskrümmung auf I
$f''(x) < 0$ für $x \in I \Rightarrow$ Rechtskrümmung auf I

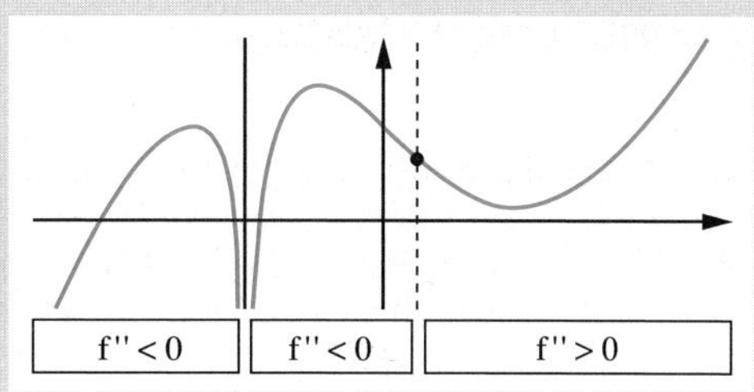

Wendestellen liegen vor, falls:

$f''(x_w) = 0$ und f″ hat Vorzeichenwechsel in x_w
oder: $f''(x_w) = 0$ und $f'''(x_w) \neq 0$

Sattelstellen sind Wendestellen mit $f'(x_w) = 0$

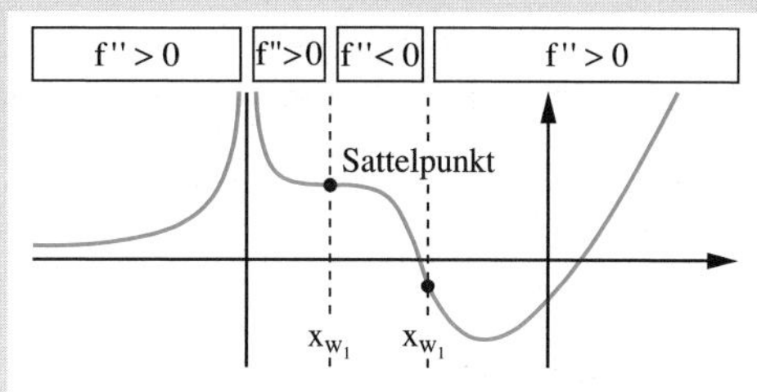

Ergänzung: Gilt $0 = f'(a) = f''(a) = f'''(a) = \ldots = f^{(n-1)}(a)$, aber $f^{(n)}(a) \neq 0$, dann ist

a Extremstelle, falls n gerade
a Sattelstelle, falls n ungerade

(7) **Wertemenge**

Die Menge aller Funktionswerte ist bestimmt durch (2) (Verhalten an den Rändern), (5) (Monotonie, Extrempunkte) und durch Stetigkeit.

Weitere Begriffe und Methoden zur Graphenuntersuchung

Linearfaktorzerlegung

Für ganzrationale Funktionen gilt:

Ist a eine Nullstelle, d. h. $f(a) = 0$, dann lässt sich der Funktionsterm f(x) durch den Linearfaktor (x – a) teilen, d. h., die Termdivision f(x) : (x – a) geht ohne Rest auf. f(x) lässt sich dann als Produkt schreiben: $f(x) = (x - a) \cdot f_1(x)$, wobei der Grad von $f_1(x)$ um 1 kleiner ist als der Grad von f(x).

Asymptotenfunktion

Ist bei einer gebrochen-rationalen Funktion $f(x) = \frac{p(x)}{q(x)}$ der Grad des Zählerterms p(x) mindestens so groß wie der Grad des Nennerterms q(x), dann lässt sich eine Termdivision p(x) : q(x) durchführen.

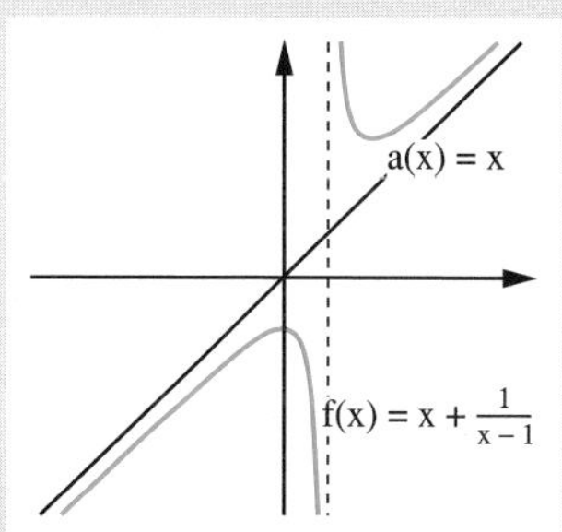

$$f(x) = a(x) + \frac{r(x)}{q(x)}$$

Für a(x) gilt: $\lim\limits_{\substack{x \to +\infty \\ (x \to -\infty)}} (f(x) - a(x)) = 0$

a(x) heißt Asymptotenfunktion für f(x).

Der Grad von r(x) ist kleiner als der Grad von q(x).

Weitere Begriffe und Methoden zur Graphenuntersuchung

Periodizität

$f(x + p) = f(x)$ wobei p die Periodenlänge ist.

Bei periodischen Funktionen genügt es, den Graphen auf einer Periodenlänge zu betrachten.

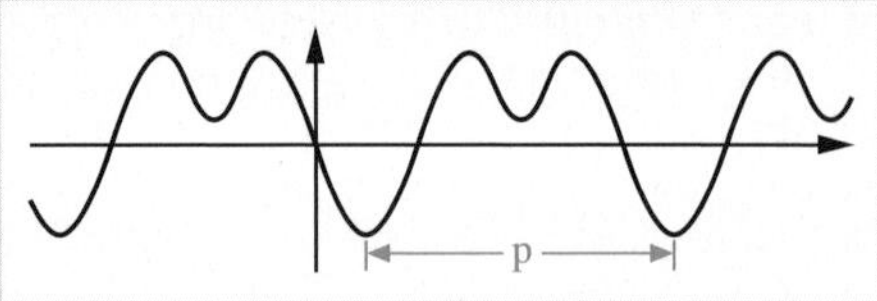

Definitionslücke

Falls f(a) nicht definiert ist, betrachte rechts- und linksseitige Grenzwerte $\lim\limits_{h \to 0} f(a + h)$ für $h > 0$ bzw. $h < 0$.

Hebbare Definitionslücke

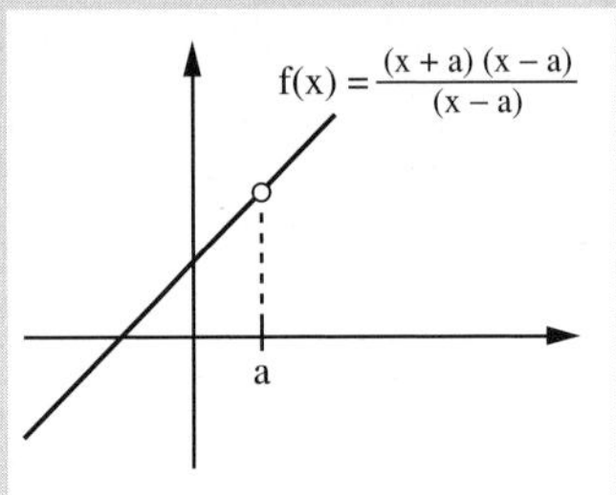

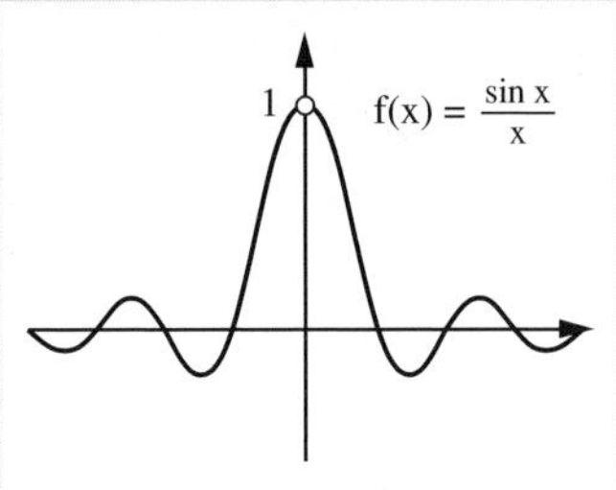

Polstelle

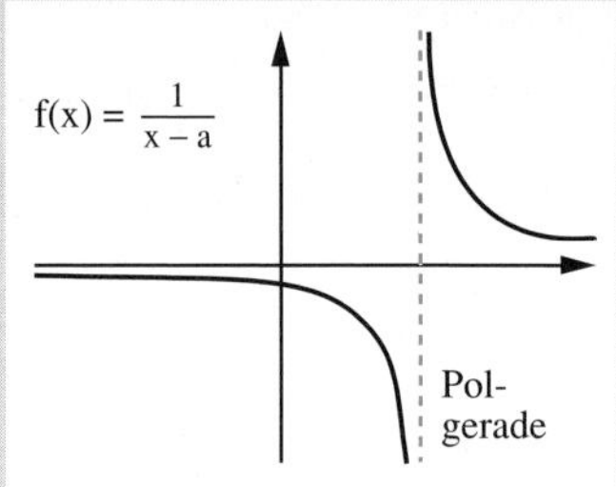

$\lim\limits_{h \to 0} f(a + h)$ existiert: f an der Stelle a stetig ergänzbar

$\lim\limits_{h \to 0} f(a + h) = +\infty \quad h > 0$

$\lim\limits_{h \to 0} f(a + h) = -\infty \quad h < 0$

Regel von de l'HOSPITAL:

$\lim\limits_{x \to a} \frac{f(x)}{g(x)} = \lim\limits_{x \to a} \frac{f'(x)}{g'(x)}$, falls $\lim\limits_{x \to a} f(x) = \lim\limits_{x \to a} g(x) = 0$ und $\lim\limits_{x \to a} \frac{f'(x)}{g'(x)}$ existiert.

Die Regel von de l'HOSPITAL ist auch anwendbar, falls

$\lim\limits_{x \to a} f(x) = \underset{(-)}{+}\infty$, $\lim\limits_{x \to a} g(x) = \underset{(-)}{+}\infty$ und $a = +\infty$ oder $a = -\infty$ oder $a \in \mathbb{R}$.

Krümmungskreis

Im Berührpunkt P(a|f(a)) stimmen Graph von f und Kreislinie in Steigung und Krümmung überein:

$$M\left(a - f'(a) \cdot \frac{1 + (f'(a))^2}{f''(a)} \middle| f(a) + \frac{1 + (f'(a))^2}{f''(a)}\right)$$

Radius: $r = \frac{[1 + (f'(a))^2]^{\frac{3}{2}}}{f''(a)}$

$K = \frac{1}{r}$ heißt Krümmung der Kurve an der Stelle a.

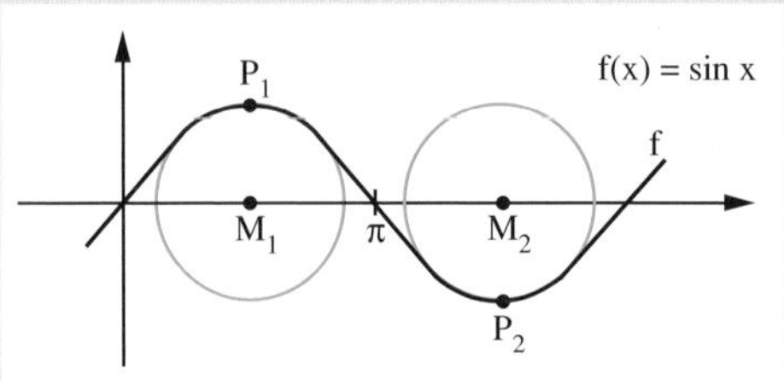

Approximation von Funktionen – Potenzreihen

Näherungsfunktion n-ten Grades von f an der Stelle a:
p_n ist ganzrationale Funktion n-ten Grades mit

$$f(a) = p_n(a), \quad f'(a) = p_n'(a), \quad f''(a) = p_n''(a), \quad \ldots \quad, f^{(n)}(a) = p_n^{(n)}(a)$$

Tangenten sind Graphen linearer Näherungsfunktionen; die Tangenten durch den Wendepunkt sind sogar Graphen quadratischer Näherungsfunktionen.

Reihenentwicklung von MacLAURIN

Näherungsfunktion n-ten Grades für f an der Stelle 0:

$$p_n(x) = f(0) + \frac{f'(0)}{1!} \cdot x + \frac{f''(0)}{2!} \cdot x^2 + \ldots + \frac{f^{(n)}(x)}{n!} \cdot x^n$$

Reihenentwicklung von TAYLOR

Näherungsfunktion n-ten Grades für f an der Stelle a:

$$p_n(x) = f(a) + \frac{f'(a)}{1!}(x-a) + \frac{f''(a)}{2!}(x-a)^2 + \ldots + \frac{f^{(n)}(a)}{n!}(x-a)^n$$

LAGRANGEsches Restglied: Qualität der Abschätzung

$$r_n(x) = f(x) - p_n(x) = \frac{(x-a)^{n+1}}{(n+1)!} f^{(n+1)}(a + \vartheta(x-a)), \quad \text{wobei} \quad 0 < \vartheta < 1$$

Potenzreihen

$$\sin x = \frac{x}{1!} - \frac{x^3}{3!} + \frac{x^5}{5!} - \frac{x^7}{7!} + - \ldots, \qquad x \in \mathbb{R}$$

$$\cos x = 1 - \frac{x^2}{2!} + \frac{x^4}{4!} - \frac{x^6}{6!} + - \ldots, \qquad x \in \mathbb{R}$$

$$e^x = 1 + \frac{x}{1!} + \frac{x^2}{2!} + \frac{x^3}{3!} + \ldots, \qquad x \in \mathbb{R}$$

$$\ln(1+x) = \frac{x}{1} - \frac{x^2}{2} + \frac{x^3}{3} - \frac{x^4}{4} + - \ldots, \qquad |x| \le 1$$

$$\frac{1}{1+x} = 1 - x + x^2 - x^3 + - \ldots, \qquad |x| < 1$$

$$\frac{1}{1+x^2} = 1 - x^2 + x^4 - x^6 + - \ldots, \qquad |x| < 1$$

$$(1+x)^k = 1 + \binom{k}{1} x + \binom{k}{2} x^2 + \binom{k}{3} x^3 + \ldots, \qquad |x| < 1$$

$$\frac{1}{\sqrt{1+x}} = 1 - \frac{1}{2} x + \frac{3}{8} x^2 - \frac{5}{16} x^3 + \frac{35}{128} x^4 - + \ldots, \qquad |x| < 1$$

$$\tan x = x + \frac{1}{3} x^3 + \frac{2}{15} x^5 + \frac{17}{315} x^7 + \ldots, \qquad |x| < \frac{\pi}{2}$$

$$\arctan x = \frac{x}{1} - \frac{x^3}{3} + \frac{x^5}{5} - \frac{x^7}{7} + - \ldots, \qquad |x| \le 1$$

$$\arcsin x = \frac{x}{1} + \frac{1}{2} \cdot \frac{x^3}{3} + \frac{1 \cdot 3}{2 \cdot 4} \cdot \frac{x^5}{5} + \frac{1 \cdot 3 \cdot 5}{2 \cdot 4 \cdot 6} \cdot \frac{x^7}{7} + \ldots, \qquad |x| \le 1$$

$$\sinh x = \frac{x}{1!} + \frac{x^3}{3!} + \frac{x^5}{5!} + \ldots, \qquad \cosh x = 1 + \frac{x^2}{2!} + \frac{x^4}{4!} + \ldots, \ x \in \mathbb{R}$$

Näherungsverfahren zur Berechnung von Nullstellen

Sekantenverfahren (Regula falsi)

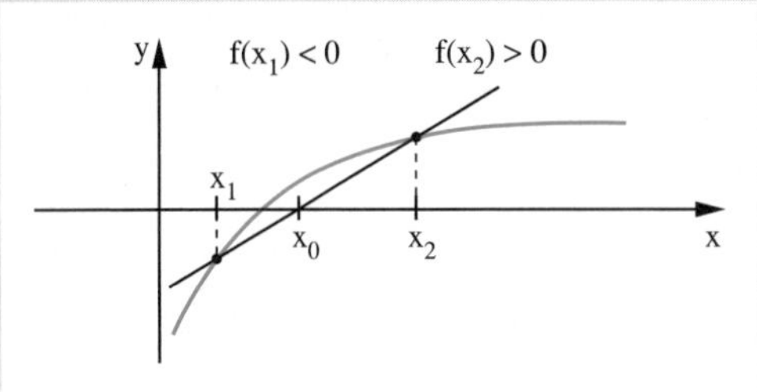

$$x_0 = x_1 - f(x_1)\,\frac{x_2 - x_1}{f(x_2) - f(x_1)}$$

Falls $f(x_0) > 0$, setze $x_2 := x_0$,
Falls $f(x_0) < 0$, setze $x_1 := x_0$.

Tangentenverfahren (NEWTON)

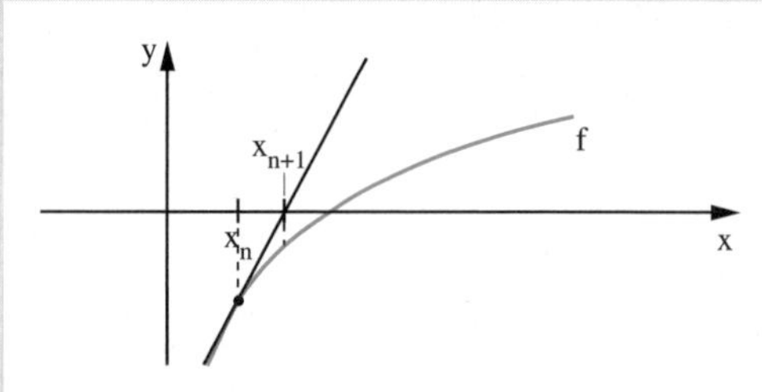

$$x_{n+1} = x_n - \frac{f(x_n)}{f'(x_n)},\ n \in \mathbb{N}$$

Allgemeines Iterationsverfahren

(1) Suche a, b so, dass f(a), f(b) verschiedene Vorzeichen haben.

(2) Forme $f(x) = 0$ um: $x = g(x)$

(3) Die rekursiv-definierte Folge $x_{n+1} = g(x_n)$ konvergiert gegen die Nullstelle, falls g' stetig auf $[a; b]$ und $|g'(x)| < 1$.

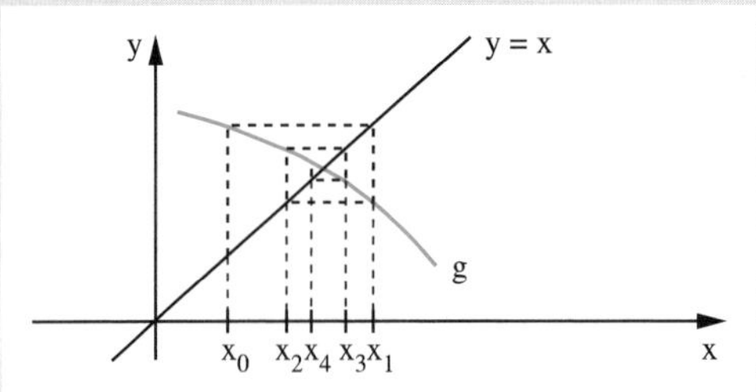

$-1 < g'(x) < 0$

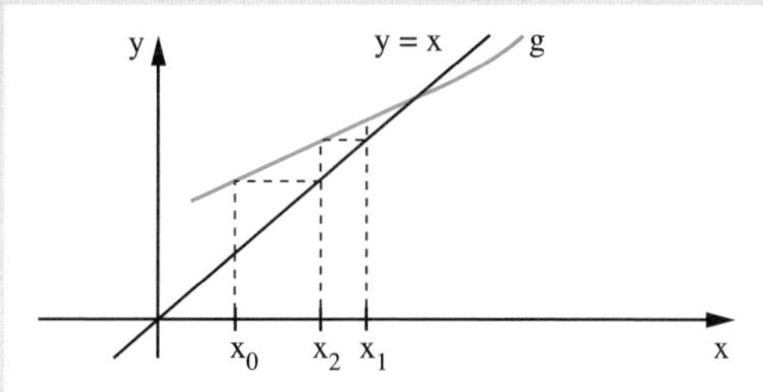

$0 < g'(x) < 1$

Lineare Differentialgleichungen

Differentialgleichung	**Lösung**
$y' = a$	$y = ax + c$
$y' = a \cdot y$	$y = ce^{ax}$
$y' = ay - b^2y^2$	$y = \frac{ca}{cb^2 + (a - cb^2)\,e^{-at}}$
$y'' = a$	$y = \frac{1}{2}\,ax^2 + bx + c$
$y'' - a^2y = 0$	$y = be^{ax} + ce^{-ax}$
$y'' + a^2y = 0$	$y = b \sin at + c \cos at$

$a, b, c \in \mathbb{R}$

Integralrechnung

Hauptsatz der Differential- und Integralrechnung

(1) f stetig auf I $\Rightarrow \phi(x) = \int_a^x f(t)\,dt$ ist eine Stammfunktion von f, d. h. $\phi' = f$.

(2) $\int_a^b f(x)\,dx = F(b) - F(a)$ $\left(\text{Schreibweise } F(x)\Big|_a^b\right)$, wobei F eine Stammfunktion von f ist.

Eigenschaften des Integrals

(1) Änderung der Grenzen

$$\int_a^b f(x)\,dx = \int_a^c f(x)\,dx + \int_c^b f(x)\,dx \qquad \int_a^b f(x)\,dx = -\int_b^a f(x)\,dx$$

(2) Linearität

$$\int_a^b (f+g)(x)\,dx = \int_a^b f(x)\,dx + \int_a^b g(x)\,dx \qquad \int_a^b k \cdot f(x)\,dx = k \cdot \int_a^b f(x)\,dx$$

(3) Abschätzungen

$f(x) \le g(x)$ auf $[a;\,b] \Rightarrow \int_a^b f(x)\,dx \le \int_a^b g(x)\,dx$

$m \le f(x) \le M$ auf $[a;\,b] \Rightarrow m \cdot (b-a) \le \int_a^b f(x)\,dx \le M \cdot (b-a)$

(4) Mittelwertsatz der Integralrechnung

f stetig auf $[a;\,b] \Rightarrow$
Es *existiert* ein $x_0 \in]a;\,b[$ mit

$$f(x_0) \cdot (b-a) = \int_a^b f(x)\,dx$$

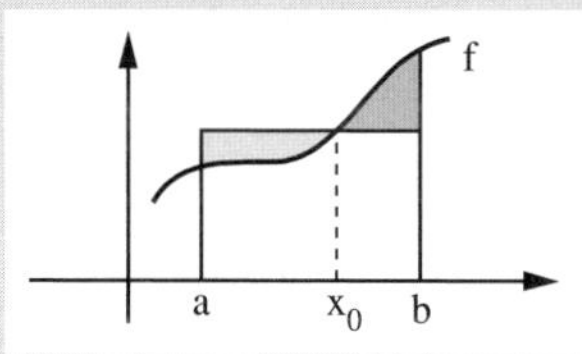

Flächenbestimmung

(1) Fläche zwischen Graph und x-Achse (Nullstellen beachten)

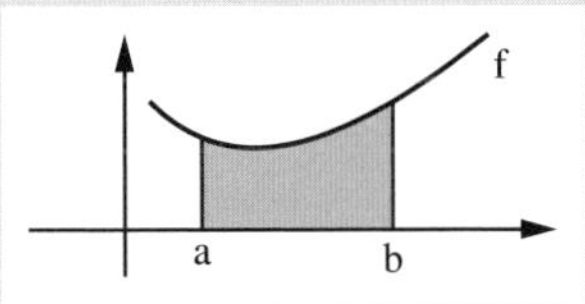

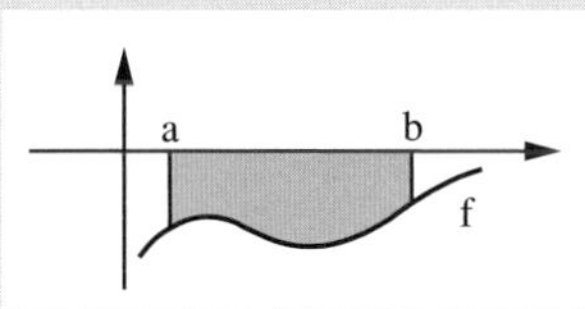

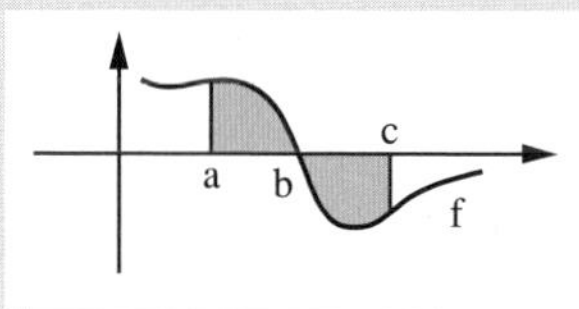

$A = \int_a^b f(x)\,dx$ $\qquad A = \left|\int_a^b f(x)\,dx\right|$ $\qquad A = \int_a^b f(x)\,dx + \left|\int_b^c f(x)\,dx\right|$

(2) Fläche zwischen zwei Graphen (Schnittstellen beachten, Nullstellen unwichtig)

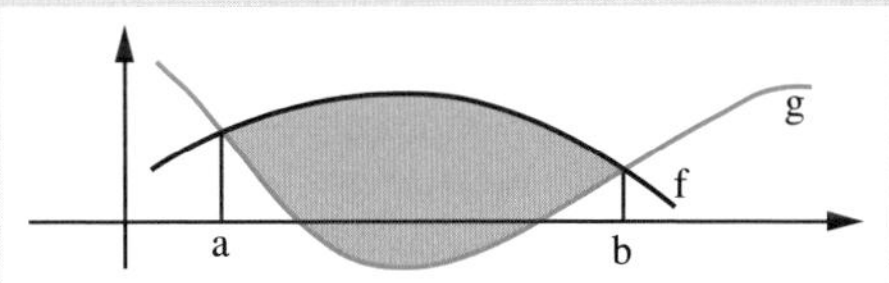

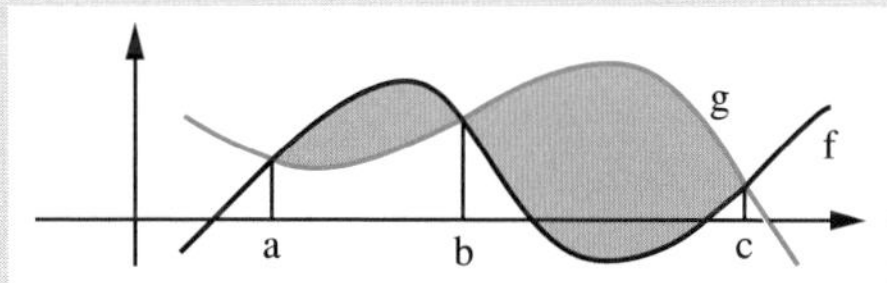

$A = \int_a^b (f(x) - g(x))\,dx$ $\qquad A = \int_a^b (f(x) - g(x))\,dx + \left|\int_b^c (f(x) - g(x))\,dx\right|$

Integrationsverfahren

(1) Partielle Integration (Umkehrung der Produktregel)

$$\int_a^b f'(x) \cdot g(x)\,dx = f(x) \cdot g(x)\Big|_a^b - \int_a^b f(x) \cdot g'(x)\,dx$$

Rekursionsformeln

$$\int x^n e^x\,dx = x^n e^x - n \int x^{n-1} e^x\,dx$$

$$\int (\ln x)^n\,dx = x (\ln x)^n - n \int (\ln x)^{n-1}\,dx$$

$$\int x^n \sin x\,dx = -x^n \cos x + n \int x^{n-1} \cos x\,dx$$

$$\int x^n \cos x\,dx = x^n \sin x - n \int x^{n-1} \sin x\,dx$$

$$\int \sin^n x\,dx = -\frac{1}{n} \cos x \sin^{n-1} x + \frac{n-1}{n} \int \sin^{n-2} x\,dx$$

$$\int \cos^n x\,dx = \frac{1}{n} \sin x \cos^{n-1} x + \frac{n-1}{n} \int \cos^{n-2} x\,dx$$

(2) Substitution (Umkehrung der Kettenregel)

$$\int_a^b (f \circ g)(x) \cdot g'(x)\,dx = \int_{g(a)}^{g(b)} f(z)\,dz$$

Sonderfall $f(x) = x$:

$$\int_a^b g(x) \cdot g'(x)\,dx = \frac{1}{2} x^2\Big|_{g(a)}^{g(b)} = \frac{1}{2} (g(x))^2\Big|_a^b$$

Sonderfall $f(x) = \frac{1}{x}$:

$$\int_a^b \frac{g'(x)}{g(x)}\,dx = \ln x\Big|_{g(a)}^{g(b)} = \ln |g(x)|\Big|_a^b$$

Sonderfall $g(x) = mx + n$ lineare Substitution:

$$\int_a^b f(mx + n)\,dx = \frac{1}{m} \int_{ma+n}^{mb+n} f(x)\,dx$$

(3) Partialbruchzerlegung bei gebrochen-rationalen Funktionen

Idee: Zerlegung des Nenners in lineare und nicht-zerlegbare quadratische Faktoren.

Spezielle Typen:

Typ 1: $$\frac{cx + d}{(x-a)(x-b)} = \frac{A}{x-a} + \frac{B}{x-b}$$

Typ 2: $$\frac{cx^2 + dx + e}{(x-a)(x-b)^2} = \frac{A}{x-a} + \frac{B}{x-b} + \frac{C}{(x-b)^2}$$

Typ 3: $$\frac{cx^2 + dx + e}{(x-a)(x^2+b^2)} = \frac{A}{x-a} + \frac{Bx + C}{x^2 + b^2}$$

Die Koeffizienten A, B, C werden durch einen Koeffizientenvergleich ermittelt.

Rotationskörper

Drehung um die x-Achse

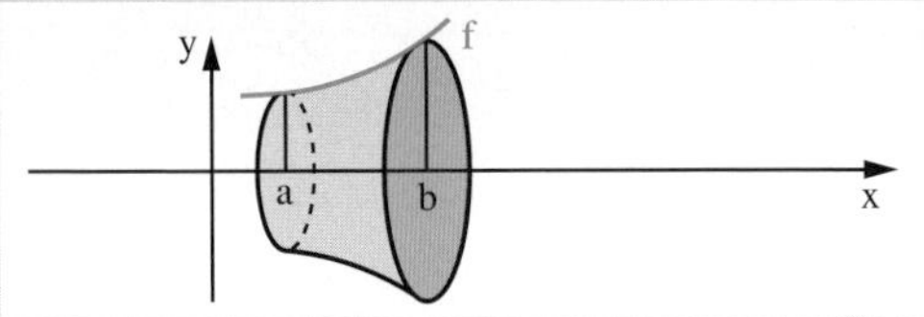

Volumen: $V = \pi \int_a^b f^2(x)\,dx$

Mantel: $M = 2\pi \int_a^b f(x) \sqrt{1 + (f'(x))^2}\,dx$

Drehung um die y-Achse

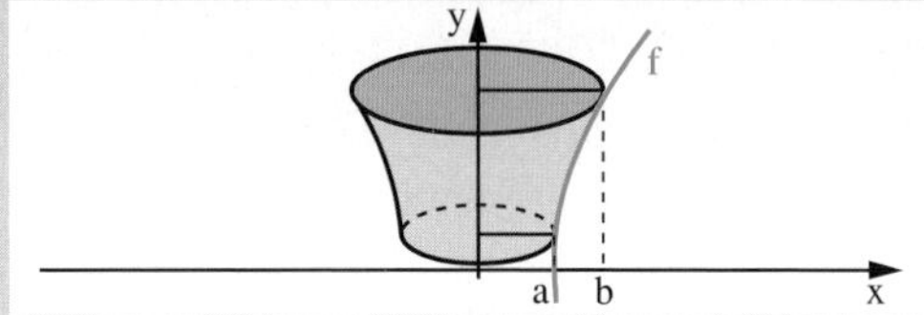

Volumen: $V = \pi \int_{f(a)}^{f(b)} \bar{f}^2(x)\,dx$

Mantel: $M = 2\pi \int_{f(a)}^{f(b)} \bar{f}(x) \cdot \sqrt{1 + (\bar{f}'(x))^2}\,dx$

Bogenlänge

Länge: $l = \int_a^b \sqrt{1 + (f'(x))^2}\,dx$

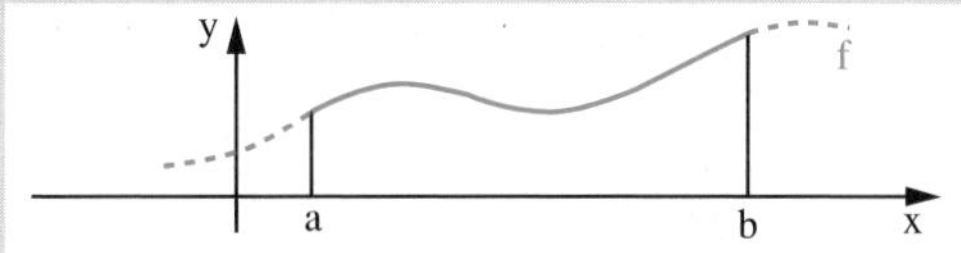

Nummerische Integration

Trapezsummenregel

Zerlegung von [a; b] in n gleichlange Teilintervalle.
Ersetzen des Graphen von f durch einen Streckenzug liefert:

$\int_a^b f(x)\,dx \approx$

$\frac{b-a}{2n} \cdot (f(a) + 2f(x_1) + 2f(x_2) + \ldots + 2f(x_{n-1}) + f(b)) = T_n$

Fehlerabschätzung: $\int_a^b f(x)\,dx - T_n = -\frac{f''(\vartheta) \cdot (b-a)^3}{12n^2}$

mit $\vartheta \in [a; b]$

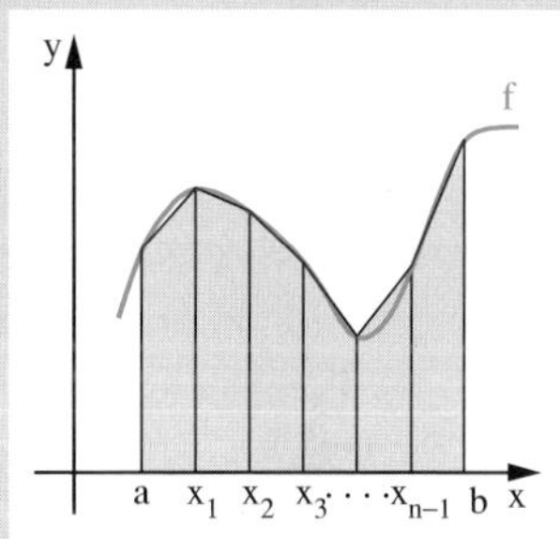

SIMPSONsche Regel

Zerlegung von [a; b] in eine *gerade* Anzahl n gleichlanger Teilintervalle.
Ersetzen des Graphen von f durch Parabelstücke liefert:

$\int_a^b f(x)\,dx \approx \frac{b-a}{3n} \cdot (f(a) + 4f(x_1) + 2f(x_2) + 4f(x_3) + 2f(x_4) + \ldots + 4f(x_{n-1}) + f(b)) = S_n$

Fehlerabschätzung: $\int_a^b f(x)\,dx - S_n = -\frac{f^{(4)}(\vartheta) \cdot (b-a)^5}{180\,n^4}$ mit $\vartheta \in [a; b]$

KEPLERsche Faßregel

Sonderfall der SIMPSONschen Regel (2 Teilintervalle, Graph durch Parabel ersetzt):

$\int_a^b f(x)\,dx \approx \frac{b-a}{6}\left(f(a) + 4f\left(\frac{a+b}{2}\right) + f(b)\right)$

Vektoren im Anschauungsraum

$\vec{p} = \begin{pmatrix} a_1 \\ a_2 \end{pmatrix}$ und $\vec{q} = \begin{pmatrix} a_1 \\ a_2 \\ a_3 \end{pmatrix}$

sind die *Ortsvektoren* der Punkte P und Q in der Ebene bzw. im Raum.

a_1, a_2, (a_3) heißen *Komponenten* der Vektoren.

Länge (Betrag) von Vektoren:

$|\vec{p}| = \sqrt{a_1^2 + a_2^2}$; $|\vec{q}| = \sqrt{a_1^2 + a_2^2 + a_3^2}$

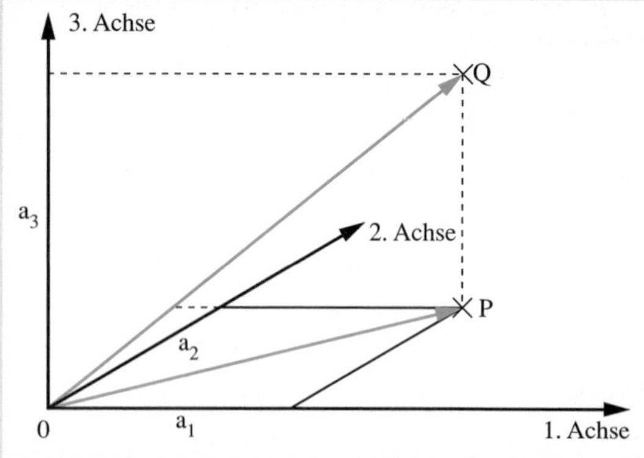

Sind A (a_1, a_2, a_3) und B (b_1, b_2, b_3) zwei Punkte im Raum, so gilt für die Länge des Vektors $\overrightarrow{AB}$:

$|\overrightarrow{AB}| = \sqrt{(b_1 - a_1)^2 + (b_2 - a_2)^2 + (b_3 - a_3)^2}$

S-Multiplikation von Vektoren

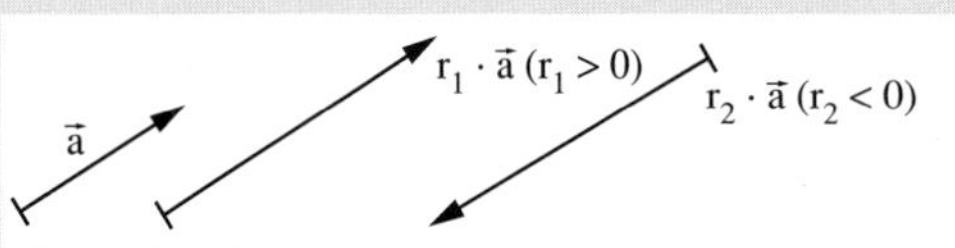

$r \cdot \vec{a} = r \cdot \begin{pmatrix} a_1 \\ a_2 \\ a_3 \end{pmatrix} = \begin{pmatrix} r\,a_1 \\ r\,a_2 \\ r\,a_3 \end{pmatrix}$; r heißt *Skalar*

$-\vec{a} = (-1) \cdot \vec{a}$ heißt *Gegenvektor* zu $\vec{a}$.

Addition und Subtraktion von Vektoren

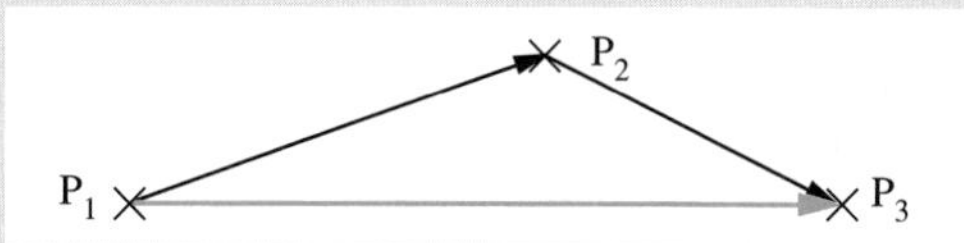

Dreiecksregel: $\overrightarrow{P_1P_3} = \overrightarrow{P_1P_2} + \overrightarrow{P_2P_3}$

$\vec{a} \pm \vec{b} = \begin{pmatrix} a_1 \\ a_2 \\ a_3 \end{pmatrix} \pm \begin{pmatrix} b_1 \\ b_2 \\ b_3 \end{pmatrix} = \begin{pmatrix} a_1 \pm b_1 \\ a_2 \pm b_2 \\ a_3 \pm b_3 \end{pmatrix}$

Gesetze der Addition und S-Multiplikation

(1) $\vec{a} + \vec{b} = \vec{b} + \vec{a}$

(2) $\vec{a} + (\vec{b} + \vec{c}) = (\vec{a} + \vec{b}) + \vec{c}$

(3) $\vec{a} + \vec{o} = \vec{a}$

(4) $\vec{a} - \vec{b} = \vec{a} + (-\vec{b})$

(5) $r_1 \cdot (r_2 \cdot \vec{a}) = (r_1 \cdot r_2) \cdot \vec{a}$

(6) $(r_1 + r_2) \cdot \vec{a} = r_1 \cdot \vec{a} + r_2 \cdot \vec{a}$

(7) $r \cdot (\vec{a} + \vec{b}) = r \cdot \vec{a} + r \cdot \vec{b}$

(8) $-r \cdot \vec{a} = r \cdot (-\vec{a})$

Mittelpunkt einer Strecke

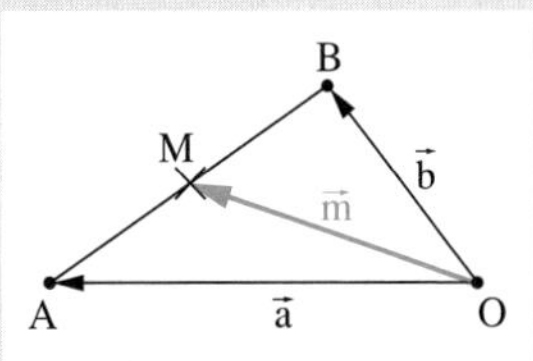

$\vec{m} = \frac{1}{2}(\vec{a} + \vec{b})$

Schwerpunkt eines Dreiecks

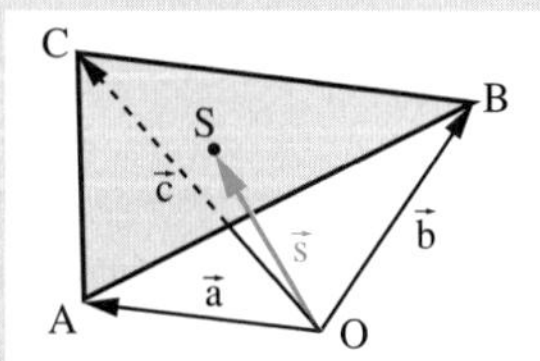

$\vec{s} = \frac{1}{3}(\vec{a} + \vec{b} + \vec{c})$

Linearkombination von Vektoren, kollineare und komplanare Vektoren, Basisvektoren

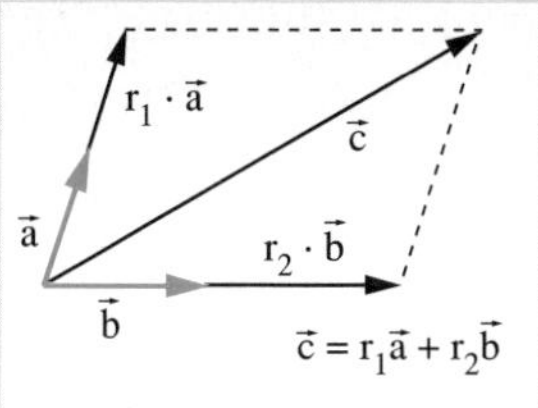

Der Vektor $\vec{c}$ ist dargestellt als *Linearkombination* der Vektoren $\vec{a}$ und $\vec{b}$.

(1) $\vec{a}$ und $\vec{b}$ heißen **kollinear**, wenn ein $r \in \mathbb{R}$ existiert mit $\vec{a} = r \cdot \vec{b}$.

(2) $\vec{a}$, $\vec{b}$ und $\vec{c}$ heißen **komplanar**, wenn es Zahlen $r_1, r_2 \in \mathbb{R}$ gibt mit $\vec{c} = r_1 \cdot \vec{a} + r_2 \cdot \vec{b}$.

Zwei Vektoren heißen *linear unabhängig* voneinander, wenn sie nicht kollinear sind.

Drei Vektoren heißen *linear unabhängig* voneinander, wenn sie nicht komplanar sind. Keiner der drei Vektoren lässt sich dann als Linearkombination der beiden anderen schreiben.

Drei (zwei) voneinander linear unabhängige Vektoren im Raum (in der Ebene) heißen *Basisvektoren* des Raums (der Ebene).

Skalarprodukt von Vektoren

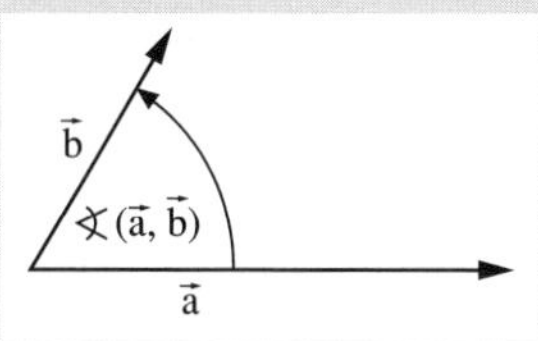

Skalarprodukt der Vektoren $\vec{a} = \begin{pmatrix} a_1 \\ a_2 \\ a_3 \end{pmatrix}$ und $\vec{b} = \begin{pmatrix} b_1 \\ b_2 \\ b_3 \end{pmatrix}$:

Es gilt:

$\vec{a} * \vec{b} = a_1b_1 + a_2b_2 + a_3b_3$.

$\vec{a} * \vec{b} = |\vec{a}| \cdot |\vec{b}| \cdot \cos \sphericalangle(\vec{a}, \vec{b})$

(1) Sind $\vec{a}$ und $\vec{b}$ orthogonal zueinander, dann ist $\vec{a} * \vec{b} = 0$.

(2) Gilt $\vec{a} * \vec{b} = 0$, so sind $\vec{a}$ und $\vec{b}$ orthogonal zueinander oder (mindestens) einer der beiden Vektoren ist der Nullvektor.

(3) Sind $\vec{a}$ und $\vec{b}$ gleichgerichtet, dann ist $\vec{a} * \vec{b} = |\vec{a}| \cdot |\vec{b}|$ $\quad ((\vec{a})^2 = \vec{a} * \vec{a} = |\vec{a}|^2)$.

(4) Sind $\vec{a}$ und $\vec{b}$ entgegengesetzt gerichtet, dann ist $\vec{a} * \vec{b} = -|\vec{a}| \cdot |\vec{b}|$.

Gesetze:

$\vec{a} * \vec{b} = \vec{b} * \vec{a}$ $\qquad$ $\vec{a} * (\vec{b} + \vec{c}) = \vec{a} * \vec{b} + \vec{a} * \vec{c}$ $\qquad$ $r \cdot (\vec{a} * \vec{b}) = (r \cdot \vec{a}) * \vec{b}$

Winkel zwischen Vektoren

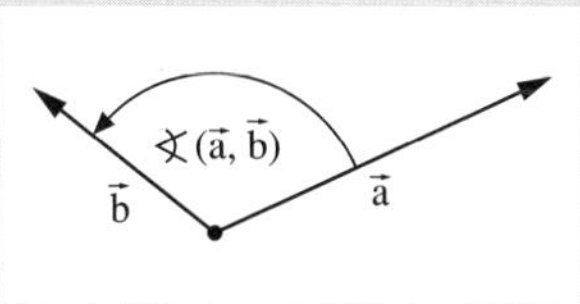

$\cos \sphericalangle(\vec{a}, \vec{b}) = \dfrac{\vec{a} * \vec{b}}{|\vec{a}| \cdot |\vec{b}|}$

Voraussetzung: $\sphericalangle(\vec{a}, \vec{b}) \leq 180°$.

Senkrechte Projektion

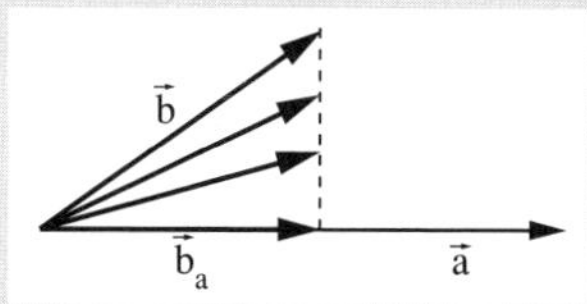

$\vec{b}_a = \dfrac{\vec{a} * \vec{b}}{(\vec{a})^2} \cdot \vec{a}$

$\vec{b}_a$ heißt die orthogonale Projektion des Vektors $\vec{b}$ auf die Richtung des Vektors $\vec{a}$. Es gilt: $\vec{a} * \vec{b} = \vec{a} * \vec{b}_a$.

Vektorprodukt von Vektoren

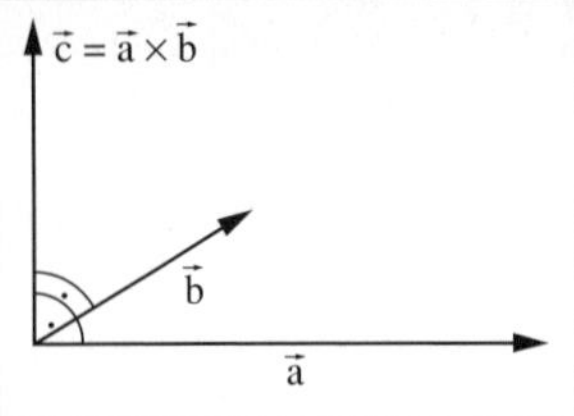

Das Vektorprodukt $\vec{a} \times \vec{b}$ ist der Vektor $\vec{c}$ mit folgenden Eigenschaften:

(1) $\vec{c} \perp \vec{a}$ und $\vec{c} \perp \vec{b}$.

(2) $\vec{a}$, $\vec{b}$ und $\vec{c}$ bilden in dieser Reihenfolge ein *Rechtssystem*.

(3) $|\vec{c}| = |\vec{a}| \cdot |\vec{b}| \cdot \sin \sphericalangle (\vec{a}, \vec{b})$.

Berechnung: $\vec{a} = \begin{pmatrix} a_1 \\ a_2 \\ a_3 \end{pmatrix}$, $\vec{b} = \begin{pmatrix} b_1 \\ b_2 \\ b_3 \end{pmatrix}$; $\vec{a} \times \vec{b} = \begin{pmatrix} a_2 b_3 - a_3 b_2 \\ a_3 b_1 - a_1 b_3 \\ a_1 b_2 - a_2 b_1 \end{pmatrix}$

(1) Sind $\vec{a}$ und $\vec{b}$ orthogonal zueinander, dann gilt $|\vec{a} \times \vec{b}| = |\vec{a}| \cdot |\vec{b}|$.

(2) Für $\vec{a} \neq \vec{o}$ und $\vec{b} \neq \vec{o}$ gilt: $\vec{a} \parallel \vec{b} \Leftrightarrow \vec{a} \times \vec{b} = \vec{o}$

Entwicklungssatz: $(\vec{a} \times \vec{b}) \times \vec{c} = (\vec{a} * \vec{c}) \cdot \vec{b} - (\vec{b} * \vec{c}) \cdot \vec{a}$

Gesetze: $\vec{a} \times \vec{b} = -(\vec{b} \times \vec{a})$ $\quad r \cdot (\vec{a} \times \vec{b}) = (r \cdot \vec{a}) \times \vec{b}$ $\quad \vec{a} \times (\vec{b} + \vec{c}) = \vec{a} \times \vec{b} + \vec{a} \times \vec{c}$

Spatprodukt von Vektoren

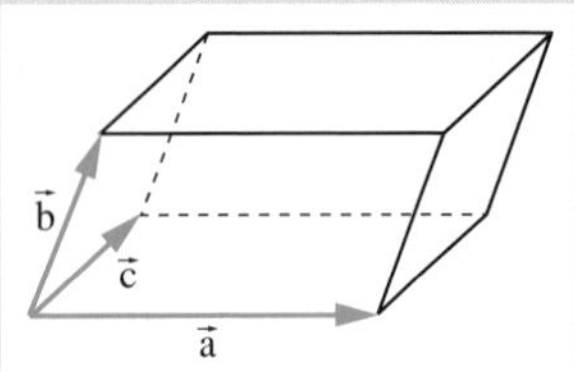

Das Spatprodukt $(\vec{a}, \vec{b}, \vec{c})$ der Vektoren $\vec{a}$, $\vec{b}$ und $\vec{c}$ ist eine reelle Zahl, und zwar das *Volumen* des von ihnen aufgespannten Spats.

$$(\vec{a}, \vec{b}, \vec{c}) = (\vec{a} \times \vec{b}) * \vec{c} = (\vec{b} \times \vec{c}) * \vec{a} = (\vec{c} \times \vec{a}) * \vec{b}$$

$$(\vec{a}, \vec{b}, \vec{c}) = -(\vec{b} \times \vec{a}) * \vec{c} = -(\vec{c} \times \vec{b}) * \vec{a} = -(\vec{a} \times \vec{c}) * \vec{b}$$

GAUSSscher Algorithmus

Gegeben ist ein lineares Gleichungssystem mit n Variablen $x_1, x_2, \ldots, x_n$ und k Gleichungen. Durch wiederholte Anwendung des Additionsverfahrens werden möglichst viele Variablen freigestellt. Es sind folgende Fälle zu unterscheiden:

I $k < n$: Das Gleichungssystem hat keine Lösung, wenn nach Durchführung des GAUSSschen Algorithmus mindestens eine Gleichung der Form $0 = a$ mit $a \neq 0$ auftritt. Ansonsten hat das System unendlich viele Lösungen (mindestens $n - k$ Variablen können beliebig gewählt werden).

II $k \geq n$: Nach Durchführung des GAUSSschen Algorithmus entsteht ein System S, in dem jede Variable in höchstens einer Gleichung auftritt und jede Gleichung höchstens eine Variable enthält.

A: Findet sich in S mindestens eine Gleichung der Form $0 = a$ mit $a \neq 0$, so hat das ursprüngliche Gleichungssystem keine Lösung.

B: Finden sich in S nur Gleichungen der Form $x_i = a_i$ oder $0 = 0$, dann hat das ursprüngliche Gleichungssystem

α) genau eine Lösung, wenn jede Variabe $x_1, x_2, \ldots, x_n$ in S auftritt.

β) unendlich viele Lösungen, wenn mindestens eine der Variablen $x_1, x_2, \ldots, x_n$ nicht in S auftritt. Für nicht auftretende Variablen dürfen beliebige Zahlen eingesetzt werden.

Vektorielle analytische Geometrie

Parameterdarstellung der Geraden (in der Ebene oder im Raum)

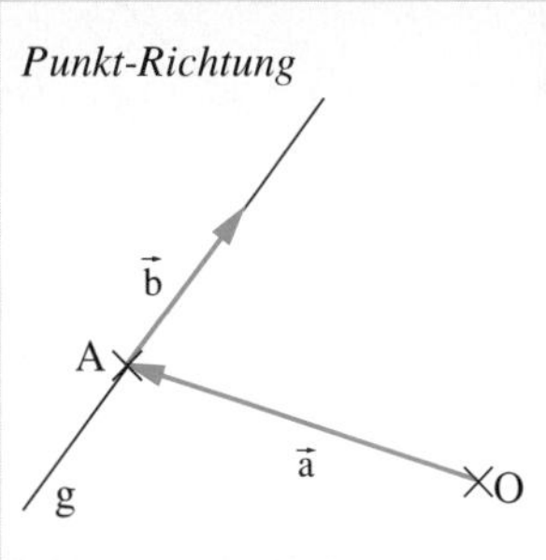

$\vec{x} = \vec{a} + \lambda\vec{b}$ ($\lambda \in \mathbb{R}$) heißt Parameterdarstellung der Geraden g.

$\vec{x}$ wird durch beliebiges reelles λ zum Ortsvektor eines Geradenpunktes.

Zu jedem $P \in g$ existiert ein $\lambda \in \mathbb{R}$, so daß $\vec{x}$ Ortsvektor von P wird.

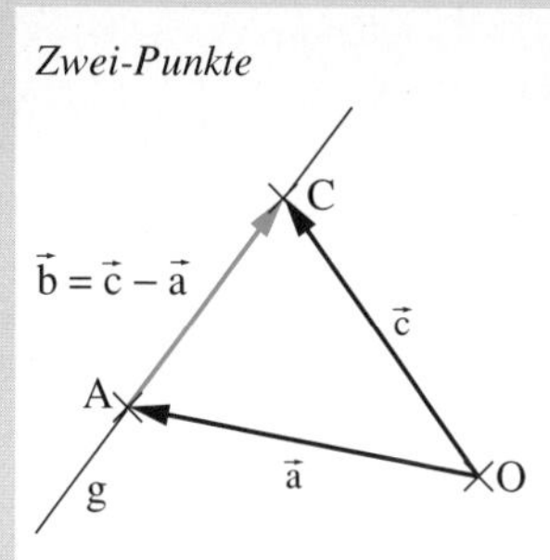

Parameterdarstellung der Ebene

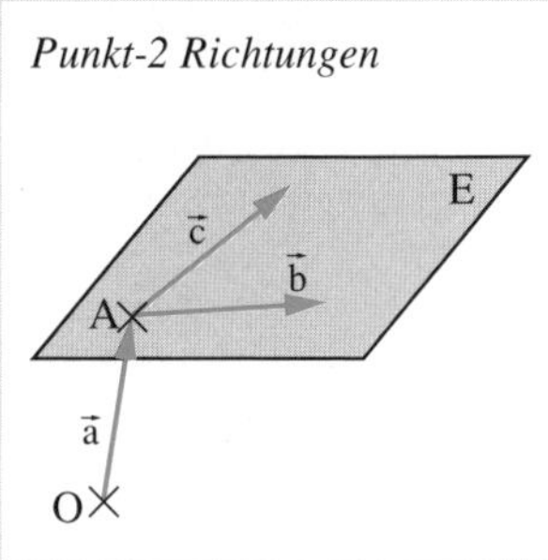

$\vec{x} = \vec{a} + \lambda\vec{b} + \mu\vec{c}$ ($\lambda, \mu \in \mathbb{R}$) heißt Parameterdarstellung der Ebene E.

$\vec{x}$ wird durch beliebige reelle λ und μ zum Ortsvektor eines Ebenenpunktes.

Zu jedem $P \in E$ existiert ein Paar $(\lambda|\mu) \in \mathbb{R} \times \mathbb{R}$, so daß $\vec{x}$ Ortsvektor von P wird.

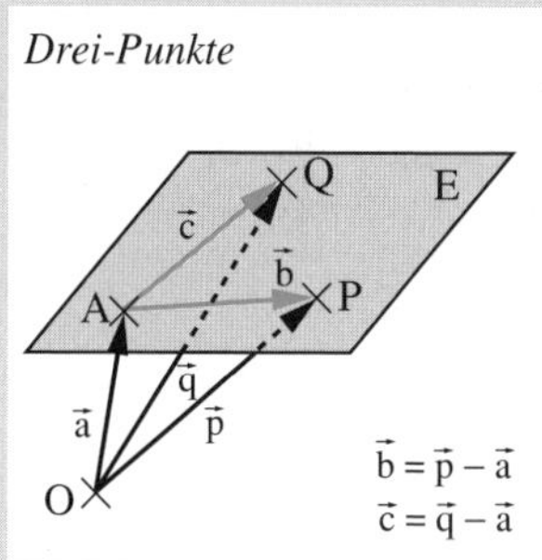

Koordinatengleichung der Ebene

Die Lösungsmenge einer Gleichung der Form $ax_1 + bx_2 + cx_3 = d$ hat als Graph eine Ebene E. $ax_1 + bx_2 + cx_3 = d$ heißt Koordinatengleichung der Ebene E.

Koordinatengleichung in Achsenabschnittsform

Die Ebene E mit der Koordinatengleichung $n_1x_1 + n_2x_2 + n_3x_3 = d$ schneidet die Koordinatenachsen in $A_1\left(\frac{d}{n_1}; 0; 0\right)$

bzw. $A_2\left(0; \frac{d}{n_2}; 0\right)$

bzw. $A_3\left(0; 0; \frac{d}{n_3}\right)$, wie man an der

Achsenabschnittsform $\frac{x_1}{\frac{d}{n_1}} + \frac{x_2}{\frac{d}{n_2}} + \frac{x_3}{\frac{d}{n_3}} = 1$

ablesen kann.

Falls eine der Zahlen n_i gleich Null ist, liegt die Ebene parallel zur i-ten Achse. Falls zwei Zahlen n_i, n_j gleich Null sind, ist die Ebene parallel zur i-j-Koordinatenebene.

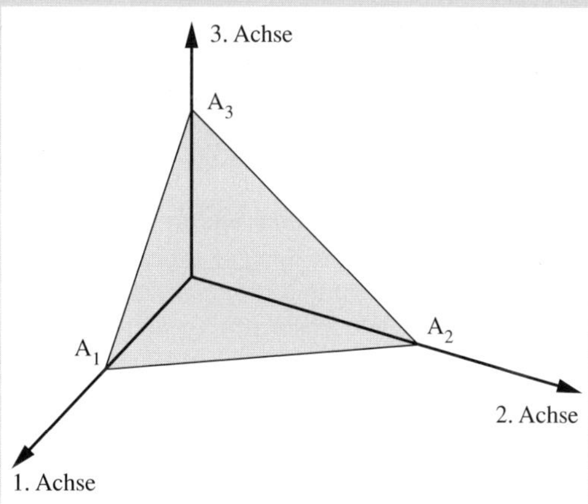

Punktprobe bzgl. Geraden und Ebenen

Der Punkt P (p_1; p_2; p_3) liegt genau dann auf der Geraden **g**: $\vec{x} = \vec{a} + \lambda \cdot \vec{u}$, falls $\lambda \in \mathbb{R}$ existiert, das das Gleichungssystem $p = \vec{a} + \vec{\lambda} \cdot u$ erfüllt.

Der Punkt P (p_1; p_2; p_3) liegt genau dann in der Ebene **E**: $\vec{x} = \vec{a} + \lambda \cdot \vec{u} + \mu \cdot \vec{v}$, falls $\lambda, \mu \in \mathbb{R}$ existieren, die das Gleichungssystem $\vec{p} = \vec{a} + \lambda \cdot \vec{u} + \mu \cdot \vec{v}$ erfüllen.

Ist die Ebene durch eine Koordinatengleichung $ax_1 + bx_2 + cx_3 = d$ gegeben, dann müssen die Koordinaten von P die Koordinatengleichung erfüllen: $ap_1 + bp_2 + cp_3 = d$.

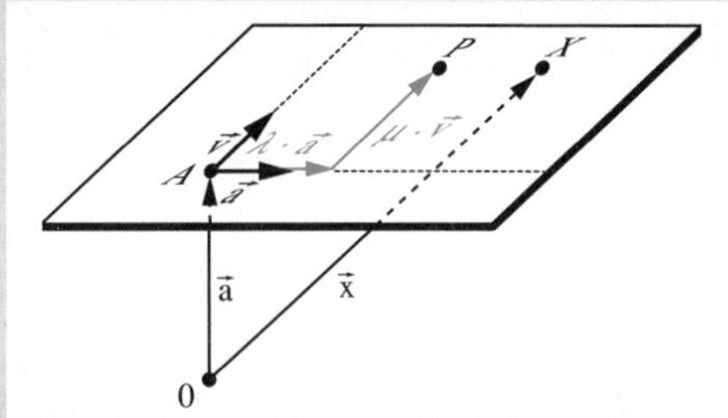

Gegenseitige Lage von Geraden im Raum

Für zwei Geraden **g**: $\vec{x} = \vec{a} + \lambda \cdot \vec{u}$ und **h**: $\vec{x} = \vec{b} + \mu \cdot \vec{v}$ gilt: Die Geraden

(1) sind zueinander parallel (**g** $\parallel$ **h**), wenn $\vec{u}, \vec{v}$ kollinear und $\overrightarrow{a-b}, \vec{u}$ nicht kollinear,
(2) sind identisch (**g** = **h**), wenn $\vec{u}, \vec{v}$ kollinear und $\overrightarrow{a-b}, \vec{u}$ kollinear,
(3) haben (genau) einen Punkt gemeinsam: wenn das Gleichungssystem $\vec{a} + \lambda \cdot \vec{u} = \vec{b} + \mu \cdot \vec{v}$ genau eine Lösung für $\lambda, \mu \in \mathbb{R}$ besitzt,
(4) sind zueinander windschief, wenn $\vec{u}, \vec{v}, \overrightarrow{a-b}$ nicht komplanar.

Hat das Gleichungssystem $\vec{a} + \lambda \cdot \vec{u} = \vec{b} + \mu \cdot \vec{v}$

(1) keine Lösung für $\lambda, \mu \in \mathbb{R}$, dann sind **g** und **h** zueinander parallel oder windschief,
(2) unendlich viele Lösungen für $\lambda, \mu \in \mathbb{R}$, dann sind **g** und **h** identisch.

Gegenseitige Lage von Geraden und Ebenen im Raum

Für eine Gerade **g**: $\vec{x} = \vec{a} + \lambda \cdot \vec{u}$ und eine Ebene **E**: $\vec{x} = \vec{b} + \mu \cdot \vec{v} + \rho \cdot \vec{w}$ gilt:

(1) **g** ist parallel zu **E** (**g** $\parallel$ **E**), wenn $\vec{u}, \vec{v}, \vec{w}$ komplanar und $\vec{v}, \vec{w}, \overrightarrow{a-b}$ nicht komplanar
(2) **g** liegt in **E**, wenn $\vec{u}, \vec{v}, \vec{w}, \overrightarrow{a-b}$ komplanar und
(3) **g** und **E** haben (genau) einen Punkt gemeinsam, wenn das Gleichungssystem $\vec{a} + \lambda \cdot \vec{u} = \vec{b} + \mu \cdot \vec{v} + \rho \cdot \vec{w}$ genau eine Lösung für $\lambda, \mu, \rho \in \mathbb{R}$ besitzt.

Hat das Gleichungssystem $\vec{a} + \lambda \cdot \vec{u} = \vec{b} + \mu \cdot \vec{v} + \rho \cdot \vec{w}$

(1) keine Lösung für $\lambda, \mu, \rho \in \mathbb{R}$, dann sind Gerade und Ebene parallel,
(2) unendlich viele Lösungen für $\lambda, \mu, \rho \in \mathbb{R}$, dann liegt die Gerade in der Ebene.

Ist die Ebene **E** durch eine Koordinatengleichung $ax_1 + bx_2 + cx_3 = d$ gegeben, dann besitzt die Gleichung $a \cdot (a_1 + \lambda \cdot u_1) + b \cdot (a_2 + \lambda \cdot u_2) + c \cdot (a_3 + \lambda \cdot u_3) = d$
entweder keine Lösung (**g** parallel zu **E**)
oder unendlich viele Lösungen (**g** liegt in **E**)
oder genau eine Lösung (Schnittpunkt).

Gegenseitige Lage von Ebenen im Raum

Für die Ebenen $\mathbf{E}_1$: $\vec{x} = \vec{a}_1 + \lambda_1 \cdot \vec{u}_1 + \mu_1 \cdot \vec{v}_1$ und $\mathbf{E}_2$: $\vec{x} = \vec{a}_2 + \lambda_2 \cdot \vec{u}_2 + \mu_2 \cdot \vec{v}_2$ gilt:

(1) $\mathbf{E}_1$ und $\mathbf{E}_2$ sind identisch, wenn $\vec{u}_1, \vec{v}_1, \vec{u}_2, \vec{v}_2$ und $\vec{a}_1 - \vec{a}_2$ komplanar,

(2) $\mathbf{E}_1$ und $\mathbf{E}_2$ sind parallel, wenn $\vec{u}_1, \vec{v}_1, \vec{u}_2$ und $\vec{v}_2$ komplanar und $\vec{u}_1, \vec{v}_1, \vec{a}_1 - \vec{a}_2$ nicht komplanar sind.

Ist eine der Ebenen $\mathbf{E}_1$, $\mathbf{E}_2$ durch eine Koordinatengleichung gegeben, dann führt die Einsetzung der Komponenten der durch eine Parameterdarstellung gegebenen Ebene in die Koordinatengleichung

(1) zu unendlich vielen Lösungen für $\lambda, \mu \in \mathbb{R}$ (identisch),

(2) zu keiner Lösung für $\lambda, \mu \in \mathbb{R}$ (parallel),

(3) zu einer Beziehung zwischen λ und μ, die nach Einsetzen die Parameterdarstellung der Ebene in eine Parameterdarstellung der Schnittgerade überführt.

Sind beide Ebenen $\mathbf{E}_1$, $\mathbf{E}_2$ durch Koordinatengleichungen in Normalenform $\mathbf{E}_1 : \vec{n}_1 * \vec{x} = d$ bzw. $\mathbf{E}_2 : \vec{n}_2 * \vec{x} = e$ gegeben, dann hat das Gleichungssystem aus beiden Koordinatengleichungen

(1) keine Lösung (Ebenen parallel): wenn $\vec{n}_1, \vec{n}_2$ komplanar mit $\vec{n}_1 = k \cdot \vec{n}_2$ und $d \neq k \cdot e$

(2) unendlich viele Lösungen (Ebenen identisch): wenn $\vec{n}_1, \vec{n}_2$ komplanar mit $\vec{n}_1 = k \cdot \vec{n}_2$ und $d = k \cdot e$

(3) unendlich viele Lösungen (Ebenen haben gemeinsame Schnittgerade) sonst.

Bestimmung einer Parameterdarstellung aus einer Koordinatengleichung

E: $ax_1 + bx_2 + cx_3 = d$

Man sucht irgendeinen Punkt P der Ebene und irgend zwei zu $\vec{n} = \begin{pmatrix} a \\ b \\ c \end{pmatrix}$ orthogonale Vektoren $\vec{u}, \vec{v}$.

Dann ist $\vec{x} = \vec{p} + \lambda\,\vec{u} + \mu\,\vec{v}$ eine Parameterdarstellung der Ebene.

Normalenvektor, Normalform, HESSEsche Normalform

$\vec{n}$ heißt **Normalenvektor** einer Ebene E, wenn $\vec{n}$ Richtungsvektor eines *Lotes* auf E ist.

Normalform: Ist $\vec{n}$ ein Normalenvektor von E und P ein Punkt in E, so wird E beschrieben durch: $\vec{n} * \vec{x} = \vec{n} * \vec{p}$.
$\vec{\mathbf{n}} * \vec{\mathbf{x}} = \mathbf{d}$ mit $d = \vec{n} * \vec{p}$
heißt Normalform der Ebene E.

HESSEsche Normalform: Ist $\vec{n}_0$ der zum Normalenvektor $\vec{n}$ der Ebene E gehörende Einheitsvektor, so heißt
$\vec{\mathbf{n}}_0 * \vec{\mathbf{x}} = \mathbf{d}$ mit $d = \vec{n}_0 * \vec{p}$ $(P \in E)$
HESSEsche Normalform der Ebene E.

Die Ebene E: $ax_1 + bx_2 + cx_3 = d$

hat $\vec{n} = \begin{pmatrix} a \\ b \\ c \end{pmatrix}$ als Normalenvektor.

Abstand der Ebene vom Ursprung:

$$e = \frac{|d|}{\sqrt{a^2 + b^2 + c^2}}$$

Die Gerade g: $ax_1 + bx_2 = c$

hat $\vec{n} = \begin{pmatrix} a \\ b \end{pmatrix}$ als Normalenvektor.

Abstand der Geraden vom Ursprung:

$$e = \frac{|c|}{\sqrt{a^2 + b^2}}$$

Abstand eines Punktes von einer Ebene (Geraden in der Ebene)

Ist P ein Punkt des Raumes (der Ebene) mit dem Ortsvektor $\vec{p}$ und $\vec{n} * \vec{x} = c$ die Normalform einer Ebene (einer Geraden in der Ebene), so beträgt der Abstand zwischen P und der Ebene (der Geraden in der Ebene):

$$d = \frac{|\vec{n} * \vec{p} - c|}{|\vec{n}|}$$

Flächeninhalt eines Dreiecks

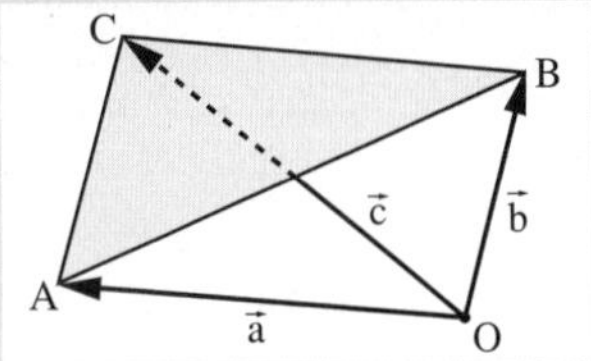

$\overrightarrow{AB} = \vec{b} - \vec{a}$

$\overrightarrow{AC} = \vec{c} - \vec{a}$

$$A = \frac{1}{2}\sqrt{|\overrightarrow{AB}|^2 \cdot |\overrightarrow{AC}|^2 - (\overrightarrow{AB} * \overrightarrow{AC})^2}$$

Volumen eines Tetraeders

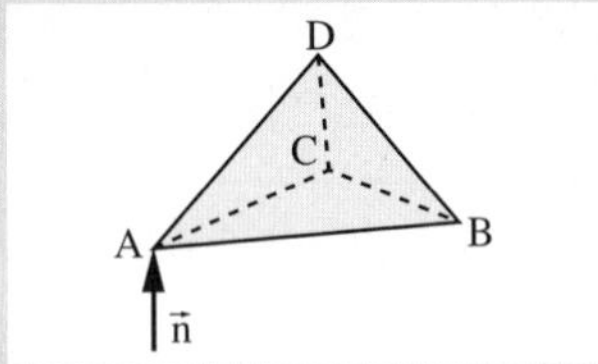

$\vec{n} \perp \overrightarrow{AB}$

$\vec{n} \perp \overrightarrow{AC}$

$\vec{n} \neq \vec{0}$

$$V = \frac{1}{6} \cdot \frac{|\vec{n} * \overrightarrow{AD}|}{|\vec{n}|} \cdot \sqrt{|\overrightarrow{AB}|^2 \cdot |\overrightarrow{AC}|^2 - (\overrightarrow{AB} * \overrightarrow{AC})^2}$$

Kugel und Tangentialebene, Kreis und Tangente in der Ebene

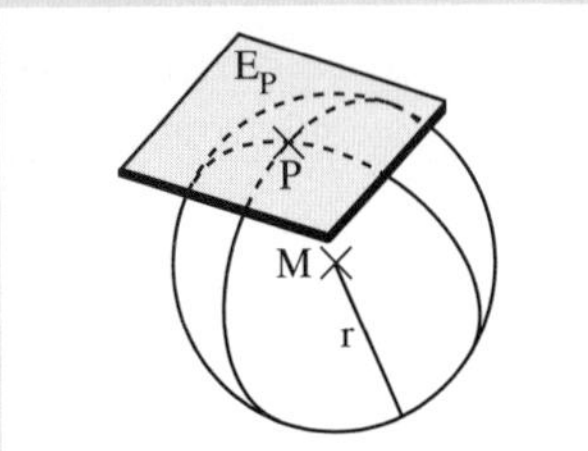

Vektorgleichungen:

Kugel (Kreis):
$(\vec{x} - \vec{m}) * (\vec{x} - \vec{m}) = r^2$

Tangentialebene (Tangente):
$(\vec{x} - \vec{m}) * (\vec{p} - \vec{m}) = r^2$

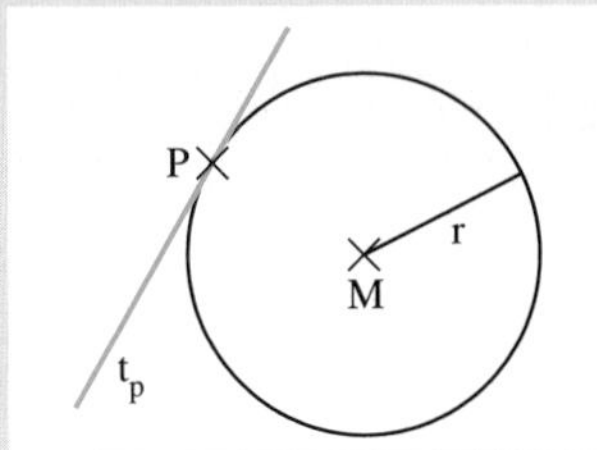

Koordinatengleichungen:

Kugel: $(x_1 - m_1)^2 + (x_2 - m_2)^2 + (x_3 - m_3)^2 = r^2$

Tangentialebene: $(x_1 - m_1)(p_1 - m_1) + (x_2 - m_2)(p_2 - m_2) + (x_3 - m_3)(p_3 - m_3) = r^2$

Kegelschnitte

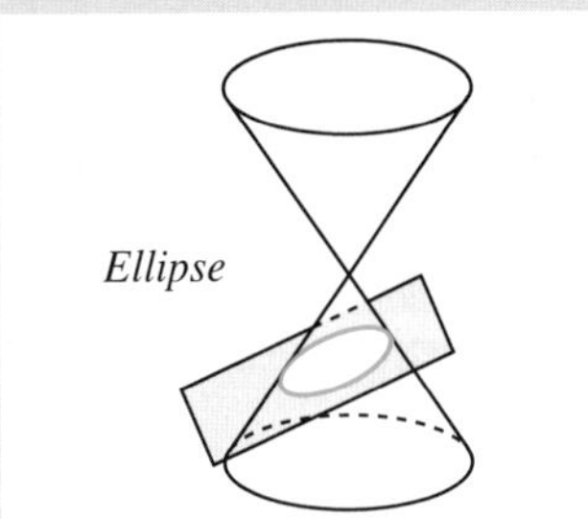

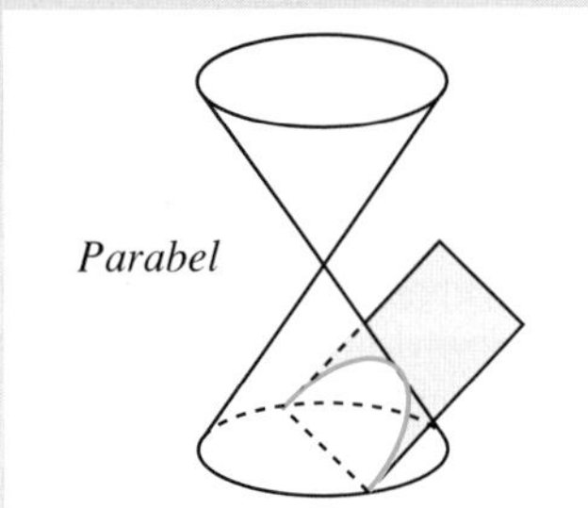

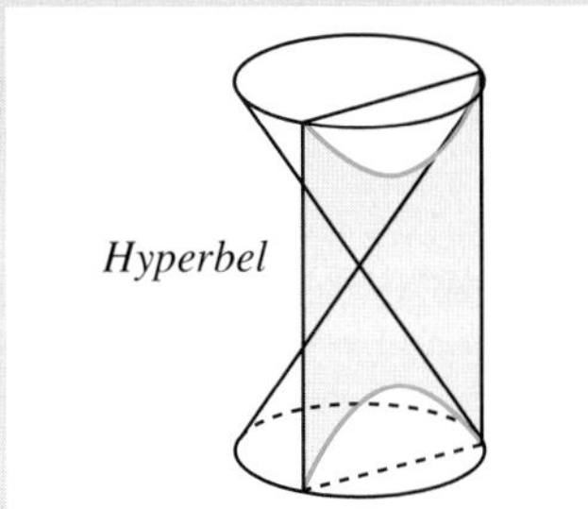

Ellipse

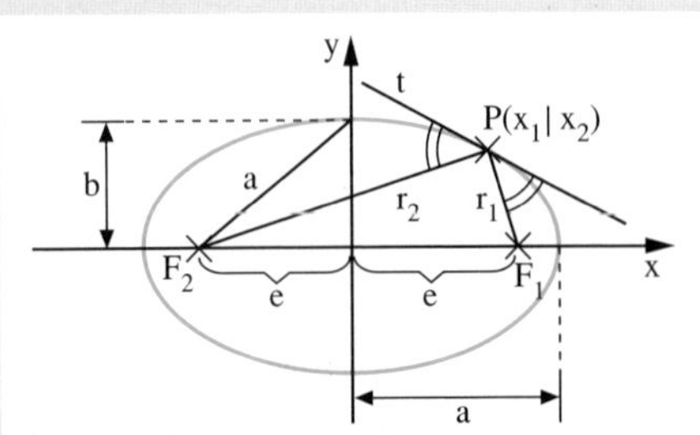

Hyperbel

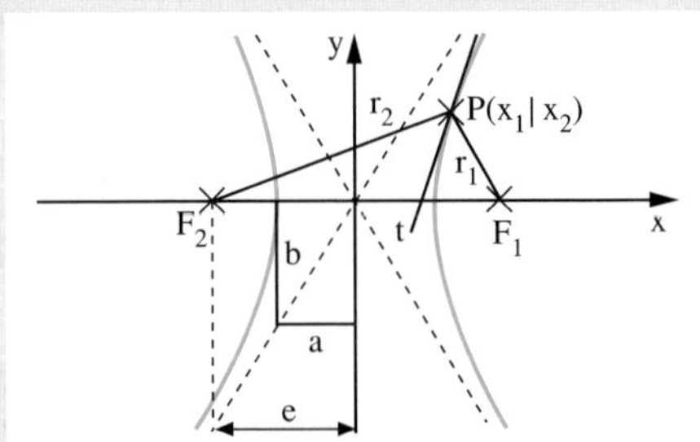

Die Ellipse (Hyperbel) besteht aus den Punkten, die von den *Brennpunkten* F_1 und F_2 dieselbe *Abstandssumme* $r_1 + r_2 = 2a$ (*Abstandsdifferenz* $|r_1 - r_2| = 2a$) haben.

Ellipse und Hyperbel

	Ellipse [M = (0 I 0)]	Hyperbel [M = (0 I 0]
Gleichung des Kegelschnitts	$\frac{x^2}{a^2} + \frac{y^2}{b^2} = 1$	$\frac{x^2}{a^2} - \frac{y^2}{b^2} = 1$
Gleichung der Tangente im Punkt P $(x_1 \mid y_1)$	$\frac{x_1 x}{a^2} + \frac{y_1 y}{b^2} = 1$	$\frac{x_1 x}{a^2} - \frac{y_1 y}{b^2} = 1$
g: $y = mx + n$ ist Tangente, wenn gilt:	$n^2 = a^2 m^2 + b^2$	$n^2 = a^2 m^2 - b^2$
lineare Exzentrizität e	$e = \sqrt{a^2 - b^2}$	$e = \sqrt{a^2 + b^2}$
numerische Exzentrizität ε	$\varepsilon = \frac{e}{a}$ $(\varepsilon < 1)$	$\varepsilon = \frac{e}{a}$ $(\varepsilon > 1)$
Asymptoten	–	$y = \frac{b}{a}x$ und $y = -\frac{b}{a}x$

Parabel

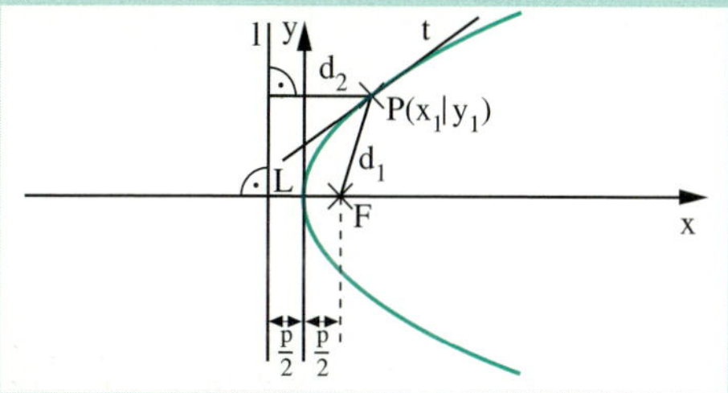

Die Parabel besteht aus den Punkten, die vom *Brennpunkt* F und von der *Leitgeraden* *l* gleich weit entfernt sind.

Parameter p: Abstand des Brennpunkts von der Leitgeraden.

Parabelgleichung: $y^2 = 2\,px$

Tangentengleichung: Die Tangente t im Punkt $P\,(x_1 \mid y_1)$ hat die Gleichung $y_1 y = p\,(x_1 + x)$

Tangentenbedingung: Die Gerade mit der Gleichung $y = mx + n$ ist Tangente der Parabel mit der Gleichung $y^2 = 2px$, wenn gilt: $p = 2mn$.

Brennpunktseigenschaften der Kegelschnitte

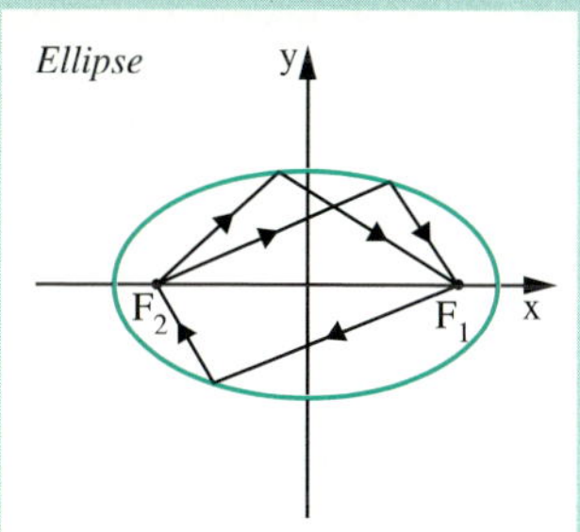

Reflexion der Strahlen von einem Brennpunkt in den anderen.

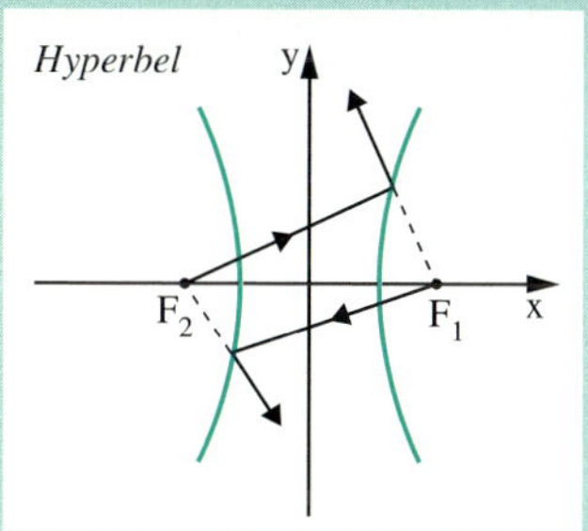

Reflexion der Strahlen von einem Brennpunkt mit „scheinbarem“ Ausgang vom anderen.

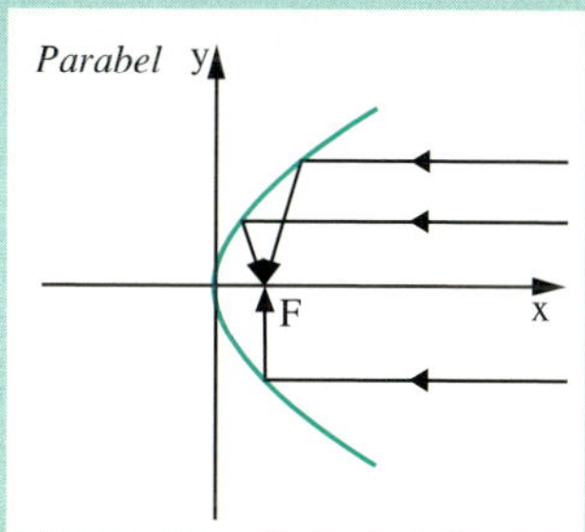

Reflexion paralleler Strahlen zur x-Achse in den Brennpunkt.

Matrizen

$A = (a_{ik}) = \begin{pmatrix} a_{11} & a_{12} & \dots & a_{1n} \\ a_{21} & a_{22} & \dots & a_{2n} \\ \dots & \dots & \dots & \dots \\ a_{m1} & a_{m2} & \dots & a_{mn} \end{pmatrix}$

a_{ik} ist die Zahl, die in der i-ten Zeile und k-ten Spalte steht. Die nebenstehende Matrix **A** ist eine $m \times n$-Matrix (m Zeilen und n Spalten).

Summe zweier $m \times n$-Matrizen

$$\mathbf{A} + \mathbf{B} = \begin{pmatrix} a_{11} + b_{11} & a_{12} + b_{12} & \dots & a_{1n} + b_{1n} \\ a_{21} + b_{21} & a_{22} + b_{22} & \dots & a_{2n} + b_{2n} \\ \dots & \dots & \dots & \dots \\ a_{m1} + b_{m1} & a_{m2} + b_{m2} & \dots & a_{mn} + b_{mn} \end{pmatrix}$$

Matrizen können nur addiert werden, wenn sie in der Anzahl der Zeilen und der Anzahl der Spalten übereinstimmen

Multiplikation mit einer Zahl $r \in \mathbb{R}$

$$r \cdot \mathbf{A} = (r \cdot a_{ik}) = \begin{pmatrix} ra_{11} & ra_{12} & \dots & ra_{1n} \\ ra_{21} & ra_{22} & \dots & ra_{2n} \\ \dots & \dots & \dots & \dots \\ ra_{m1} & ra_{m2} & \dots & ra_{mn} \end{pmatrix}$$

$(-1) \cdot \mathbf{A}$ ist die additiv inverse Matrix zu **A**:
$\mathbf{A} + (-1) \cdot \mathbf{A} = \mathbf{0}$
Nullmatrix **0**: alle Elemente sind Null

Produkt zweier Matrizen

$\mathbf{A} \cdot \mathbf{B}$ kann nur gebildet werden, wenn die Anzahl der Spalten von **A** mit der Anzahl der Zeilen von **B** übereinstimmt. Ist **A** eine $m \times n$-Matrix und **B** eine $n \times p$-Matrix, so ist $\mathbf{A} \cdot \mathbf{B}$ die $m \times p$-Matrix $\mathbf{C} = (c_{ik})$ mit folgender Eigenschaft:

c_{ik} ist das Skalarprodukt des i-ten Zeilenvektors von **A** mit dem k-ten Spaltenvektor von **B**.

Gesetze der Matrizenrechnung

(1) $\mathbf{A} + \mathbf{B} = \mathbf{B} + \mathbf{A}$

(2) $\mathbf{A} + (\mathbf{B} + \mathbf{C}) = (\mathbf{A} + \mathbf{B}) + \mathbf{C}$

(3) $r_1 \cdot (r_2 \cdot \mathbf{A}) = (r_1 \cdot r_2) \cdot \mathbf{A}$

(4) $r(\mathbf{A} + \mathbf{B}) = r\mathbf{A} + r\mathbf{B}$

(5) $(r_1 + r_2) \cdot \mathbf{A} = r_1\mathbf{A} + r_2\mathbf{A}$

(6) $\underbrace{\mathbf{A} + \mathbf{A} + \dots + \mathbf{A}}_{\text{k Summanden}} = k \cdot \mathbf{A}$

(7) $\mathbf{A} \cdot (\mathbf{B} \cdot \mathbf{C}) = (\mathbf{A} \cdot \mathbf{B}) \cdot \mathbf{C}$

(8) $\mathbf{A} \cdot (\mathbf{B} + \mathbf{C}) = \mathbf{A} \cdot \mathbf{B} + \mathbf{A} \cdot \mathbf{C}$

(9) $(r_1\mathbf{A}) \cdot (r_2\mathbf{B}) = r_1 r_2 (\mathbf{A} \cdot \mathbf{B})$

Determinanten

Jeder quadratischen Matrix **A** ist eine reelle Zahl **D** (Determinante) auf folgende Weise zugeordnet:

$$A = \begin{vmatrix} a_{11} & a_{12} \\ a_{21} & a_{22} \end{vmatrix} \quad \rightarrow \quad D_2 = \begin{vmatrix} a_{11} & a_{12} \\ a_{21} & a_{22} \end{vmatrix} = + a_{11} \cdot a_{22} - a_{12} \cdot a_{21}$$

$$A = \begin{vmatrix} a_{11} & a_{12} & a_{13} \\ a_{21} & a_{22} & a_{23} \\ a_{31} & a_{32} & a_{33} \end{vmatrix} \quad \rightarrow \quad D_3 = \begin{vmatrix} a_{11} & a_{12} & a_{13} \\ a_{21} & a_{22} & a_{23} \\ a_{31} & a_{32} & a_{33} \end{vmatrix} = + a_{11} \cdot \begin{vmatrix} a_{22} & a_{23} \\ a_{32} & a_{33} \end{vmatrix} - a_{12} \cdot \begin{vmatrix} a_{21} & a_{23} \\ a_{31} & a_{33} \end{vmatrix} + a_{13} \cdot \begin{vmatrix} a_{21} & a_{22} \\ a_{31} & a_{32} \end{vmatrix}$$

Analog werden die Determinanten $D_4, D_5, \dots, D_n$ entwickelt.

Der Wert einer Determinante bleibt erhalten, wenn man

(1) Zeilen und Spalten vertauscht.

(2) die Zahlen einer Zeile (Spalte) mit derselben reellen Zahl multipliziert und die jeweiligen Ergebnisse zu den entsprechenden Zahlen einer anderen Zeile (Spalte) addiert.

Tauscht man zwei Zeilen oder zwei Spalten gegeneinander aus, so wechselt das Vorzeichen der Determinante. Der Betrag bleibt unverändert.

Sind in zwei Zeilen (Spalten) die Quotienten aller entsprechenden Zahlen gleich, dann ist die Determinante die Zahl 0.

Determinantenmethode zur Lösung linearer Gleichungssysteme

Gegeben ist ein lineares Gleichungssystem mit drei Variablen (in gewöhnlicher Form mit drei Gleichungen oder als Matrizengleichung).

$$\left|\begin{matrix} a_1x_1 + b_1x_2 + c_1x_3 = d_1 \\ a_2x_1 + b_2x_2 + c_2x_3 = d_2 \\ a_3x_1 + b_3x_2 + c_3x_3 = d_3 \end{matrix}\right| \quad \text{bzw.} \quad \begin{pmatrix} a_1 & b_1 & c_1 \\ a_2 & b_2 & c_2 \\ a_3 & b_3 & c_3 \end{pmatrix} \cdot \begin{pmatrix} x_1 \\ x_2 \\ x_3 \end{pmatrix} = \begin{pmatrix} d_1 \\ d_2 \\ d_3 \end{pmatrix}$$

Seien D, D_a, D_b und D_c die nebenstehenden Determinanten:

$$D = \begin{vmatrix} a_1 & b_1 & c_1 \\ a_2 & b_2 & c_2 \\ a_3 & b_3 & c_3 \end{vmatrix} \quad D_a = \begin{vmatrix} d_1 & b_1 & c_1 \\ d_2 & b_2 & c_2 \\ d_3 & b_3 & c_3 \end{vmatrix} \quad D_b = \begin{vmatrix} a_1 & d_1 & c_1 \\ a_2 & d_2 & c_2 \\ a_3 & d_3 & c_3 \end{vmatrix} \quad D_c = \begin{vmatrix} a_1 & b_1 & d_1 \\ a_2 & b_2 & d_2 \\ a_3 & b_3 & d_3 \end{vmatrix}$$

Gilt $D \neq 0$, hat das Gleichungssystem genau eine Lösung – und zwar das Zahlentripel $(\overline{x}_1, \overline{x}_2, \overline{x}_3)$ mit: $\overline{x}_1 = \frac{D_a}{D}$, $\overline{x}_2 = \frac{D_b}{D}$ und $\overline{x}_3 = \frac{D_c}{D}$.

Ähnlichkeitsabbildungen einer Ebene auf sich selbst

Parallelverschiebung um $\vec{c} = \begin{pmatrix} c_1 \\ c_2 \end{pmatrix}$

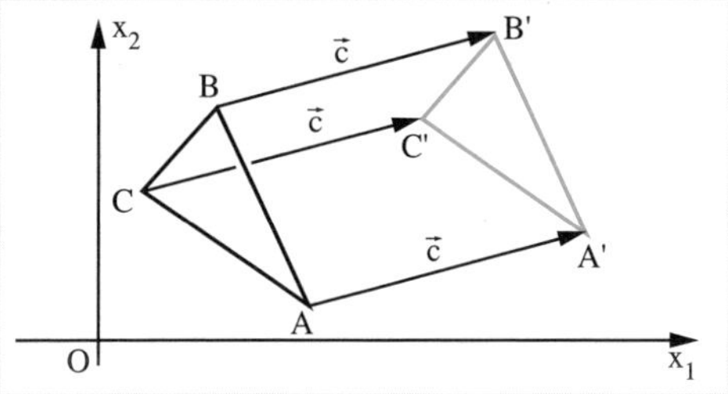

Vektorgleichung: $\begin{pmatrix} x_1' \\ x_2' \end{pmatrix} = \begin{pmatrix} x_1 \\ x_2 \end{pmatrix} + \begin{pmatrix} c_1 \\ c_2 \end{pmatrix}$

Koordinatengleichungen: $x_1' = x_1 + c_1$
$x_2' = x_2 + c_2$

Drehung um den Punkt O, Drehwinkel α

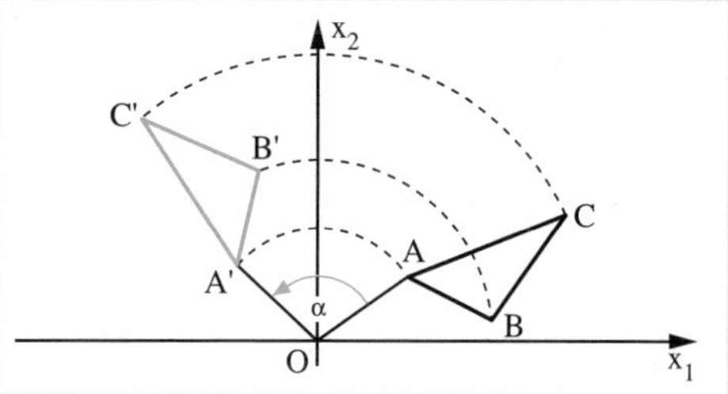

$\begin{pmatrix} x_1' \\ x_2' \end{pmatrix} = \begin{pmatrix} \cos\alpha & -\sin\alpha \\ \sin\alpha & \cos\alpha \end{pmatrix} \cdot \begin{pmatrix} x_1 \\ x_2 \end{pmatrix}$

$x_1' = x_1 \cos\alpha - x_2 \sin\alpha$
$x_2' = x_1 \sin\alpha + x_2 \cos\alpha$

Zentrische Streckung, Streckungszentrum O, Streckfaktor k

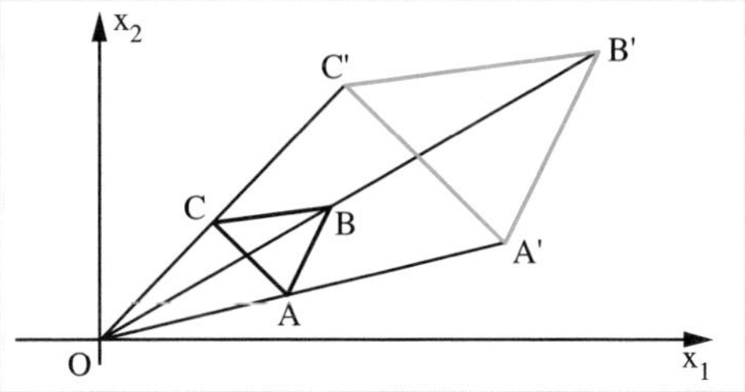

Vektorgleichung: $\begin{pmatrix} x_1' \\ x_2' \end{pmatrix} = k \cdot \begin{pmatrix} x_1 \\ x_2 \end{pmatrix}$

Koordinatengleichungen: $x_1' = k \cdot x_1$
$x_2' = k \cdot x_2$

Die *Verkettung* (Nacheinanderausführung) zweier Kongruenzabbildungen ist eine Kongruenzabbildung. Die Verkettung zweier Ähnlichkeitsabbildungen ist eine Ähnlichkeitsabbildung.

Beispiel: $\begin{pmatrix} x_1' \\ x_2' \end{pmatrix} = k \cdot \left[\begin{pmatrix} \cos\alpha & -\sin\alpha \\ \sin\alpha & \cos\alpha \end{pmatrix} \begin{pmatrix} x_1 \\ x_2 \end{pmatrix}\right]$ ist die Vektorgleichung einer *Drehstreckung* um den Ursprung. Eine Drehstreckung ist eine Ähnlichkeitsabbildung.

Affine Abbildungen der Ebene auf sich selbst

Geraden- und parallelentreue Abbildungen der Ebene auf sich heißen *affine* Abbildungen.

Vektorgleichung: $\begin{pmatrix} x_1' \\ x_2' \end{pmatrix} = \begin{pmatrix} a_1 & b_1 \\ a_2 & b_2 \end{pmatrix}\begin{pmatrix} x_1 \\ x_2 \end{pmatrix} + \begin{pmatrix} c_1 \\ c_2 \end{pmatrix}$ wobei $a_1 b_2 \neq a_2 b_1$

Koordinatengleichungen: $x_1' = a_1x_1 + b_1x_2 + c_1$, $x_2' = a_1x_1 + b_1x_2 + c_1$ wobei $a_1 b_2 \neq a_2 b_1$

Affine Abbildungen erhalten *Anordnung* und *Teilverhältnis* von Punkten auf Geraden.

Axiale affine Abbildungen mit x_1-Achse (x_2-Achse) als Affinitätsachse

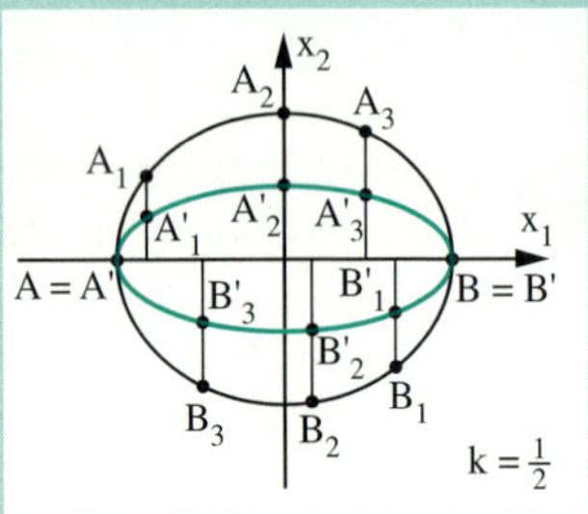

Vektorgleichung: $\begin{pmatrix} x_1' \\ x_2' \end{pmatrix} = \begin{pmatrix} 1 & 0 \\ 0 & k \end{pmatrix}\begin{pmatrix} x_1 \\ x_2 \end{pmatrix}$ $k \neq 0$

x_1-Achse ist Affinitätsachse

Vektorgleichung: $\begin{pmatrix} x_1' \\ x_2' \end{pmatrix} = \begin{pmatrix} k & 0 \\ 0 & 1 \end{pmatrix}\begin{pmatrix} x_1 \\ x_2 \end{pmatrix}$ $k \neq 0$

x_2-Achse ist Affinitätsachse

Alle Punkte der Affinitätsachse sind Fixpunkte.

Scherung längs der x_1-Achse

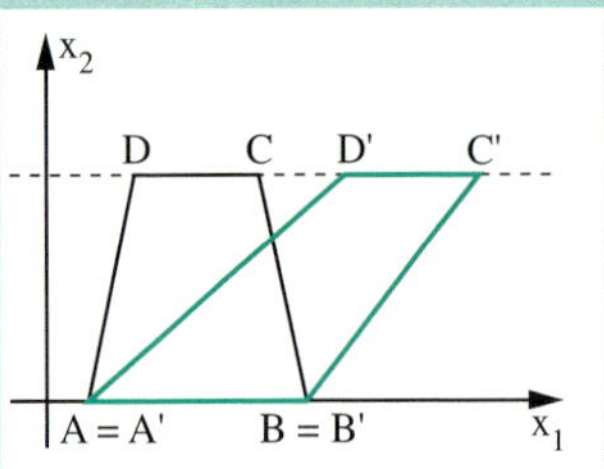

Vektorgleichung: $\begin{pmatrix} x_1' \\ x_2' \end{pmatrix} = \begin{pmatrix} 1 & s \\ 0 & 1 \end{pmatrix}\begin{pmatrix} x_1 \\ x_2 \end{pmatrix}$ $s \in \mathbb{R}$

Es gilt:

(1) Alle Punkte der x_1-Achse sind Fixpunkte.
(2) $\overline{PP'} \parallel x_1$-Achse
(3) Wenn $\overline{PQ} \parallel x_1$-Achse, dann ist $PP' = QQ'$.

Algebraische Strukturen

Halbgruppe

Ein Verknüpfungsgebilde $(G, \circ)$ heißt Halbgruppe, wenn gilt:

(1) $a \in G \wedge b \in G \Rightarrow a \circ b \in G$
(Abgeschlossenheit)

(2) $a \circ (b \circ c) = (a \circ b) \circ c$ für alle $a, b, c \in G$
(Assoziativgesetz)

Gruppe

Eine Halbgruppe $(G, \circ)$ heißt Gruppe, wenn zusätzlich gilt:

(3) Es existiert ein $e \in G$, so dass für alle $a \in G$ $a \circ e = e \circ a = a$
(neutrales Element).

(4) Zu jedem $a \in G$ existiert ein $a^{-1} \in G$, so dass $a \circ a^{-1} = a^{-1} \circ a = e$
(inverses Element).

ABELsche Gruppe: Eine Gruppe $(G, \circ)$ heißt kommutativ oder ABELsch, wenn in ihr das Kommutativgesetz gilt: $a \circ b = b \circ a$ für alle $a, b \in G$.

Ring	Körper
(R, ⊕, ⊙) heißt Ring, wenn gilt: (1) (R, ⊕) ist eine ABELsche Gruppe. (2) (R, ⊙) ist eine Halbgruppe. (3) a ⊙ (b ⊕ c) = (a ⊙ b) ⊕ (a ⊙ c) und (a ⊕ b) ⊙ c = (a ⊙ c) ⊕ (b ⊙ c) für alle a, b, c ∈ R. (Distributivgesetze)	(K, ⊕, ⊙) heißt Körper, wenn gilt: (1) (K, ⊕) ist eine ABELsche Gruppe. (2) (K\{e}, ⊙) ist eine Gruppe (dabei ist e das neutrale Element der Verknüpfung ⊕). (3) Die Verknüpfung ⊙ ist gegenüber der Verknüpfung ⊕ distributiv [siehe *Ring* (3)].

Ringe bzw. Körper heißen kommutativ, wenn die Verknüpfung ⊙ kommutativ ist.

Reelle Vektorräume

Eine Menge V (Elemente $\mathfrak{a}, \mathfrak{b}, \mathfrak{c}, \ldots$) heißt *reeller Vektorraum*, wenn für alle Elemente $\mathfrak{a}, \mathfrak{b} \in V$ und alle Zahlen $\lambda, \mu \in \mathbb{R}$ zwei Verknüpfungen ⊕ (Vektoraddition) und ⊙ (S-Multiplikation) mit den folgenden Eigenschaften definiert sind (die Elemente von V heißen Vektoren):

I *Vektoraddition:* (V, ⊕) ist eine ABELsche Gruppe.

II *S-Multiplikation:*

(1) $\lambda \odot (\mu \odot \mathfrak{a}) = (\lambda \cdot \mu) \odot \mathfrak{a}$

(2) $(\lambda + \mu) \odot \mathfrak{a} = (\lambda \odot \mathfrak{a}) \oplus (\mu \odot \mathfrak{a})$

(3) $\lambda \odot (\mathfrak{a} \oplus \mathfrak{b}) = (\lambda \odot \mathfrak{a}) \oplus (\lambda \odot \mathfrak{b})$

Linearkombination:

Seien $\mathfrak{a}_1, \mathfrak{a}_2, \ldots, \mathfrak{a}_n$ Elemente aus V und $r_1, r_2, \ldots, r_n$ Elemente aus $\mathbb{R}$, so heißt
$\mathfrak{b} = (r_1 \odot \mathfrak{a}_1) \oplus (r_2 \odot \mathfrak{a}_2) \oplus \ldots \oplus (r_n \odot \mathfrak{a}_n)$
eine Linearkombination der Vektoren $\mathfrak{a}_1, \mathfrak{a}_2, \ldots, \mathfrak{a}_n$.

Lineare Abhängigkeit und Unabhängigkeit:

Die Vektoren $\mathfrak{a}_1, \mathfrak{a}_2, \ldots, \mathfrak{a}_n$ heißen *linear abhängig*, wenn der Nullvektor $\mathfrak{o}$ als Linearkombination von $\mathfrak{a}_1, \mathfrak{a}_2, \ldots, \mathfrak{a}_n$ dargestellt werden kann und nicht alle r_i dieser Darstellung die Zahl 0 sind. Ist eine solche Darstellung nicht möglich, so heißen die Vektoren $\mathfrak{a}_1, \mathfrak{a}_2, \ldots, \mathfrak{a}_n$ *linear unabhängig*.

n-dimensionaler Vektorraum

Ein Vektorraum heißt n-dimensional, wenn es n linear unabhängige Vektoren aus V gibt, so daß jeder Vektor aus V als Linearkombination dieser n Vektoren geschrieben werden kann.

Skalarprodukt im Vektorraum

Eine Verknüpfung $*$ im Vektorraum V heißt Skalarprodukt, wenn gilt:

(1) $\mathfrak{a} * \mathfrak{b} \in \mathbb{R}$

(2) $\mathfrak{a} * \mathfrak{b} = \mathfrak{b} * \mathfrak{a}$

(3) $\mathfrak{a} * (\mathfrak{b} \oplus \mathfrak{c}) = (\mathfrak{a} * \mathfrak{b}) \oplus (\mathfrak{a} * \mathfrak{c})$

(4) $(r_1 \odot \mathfrak{a}) * (r_2 \odot \mathfrak{b}) = (r_1 \cdot r_2) \cdot (\mathfrak{a} * \mathfrak{b})$ $[r_1, r_2 \in \mathbb{R}]$

(5) $\mathfrak{a} * \mathfrak{a} > 0$ für alle $\mathfrak{a} \neq \mathfrak{o}$

Komplexe Zahlen

$\mathbb{C} = \{z \mid z = a + i\,b;\ a, b \in \mathbb{R}\}$
i = imaginäre Einheit, $i^2 = -1$
a = Realteil von z
b = Imaginärteil von z
$a = 0$: z imaginär
$b = 0$: z reell
konjugiert Komplexe: $\overline{z} = a - i \cdot b$
Betrag von z: $|z| = \sqrt{a^2 + b^2}$

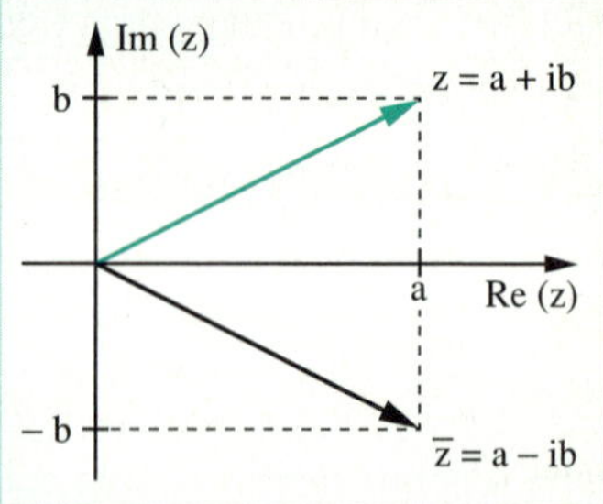

Rechenregeln für $z_1 = a_1 + i \cdot b_1$, $z_2 = a_2 + i \cdot b_2$

(1) $z_1 \pm z_2 = (a_1 \pm a_2) + i \cdot (b_1 \pm b_2)$

(2) $z_1 \cdot z_2 = (a_1 a_2 - b_1 b_2) + i \cdot (a_1 b_2 + a_2 b_1)$

(3) $z_1 : z_2 = \frac{z_1}{z_2} \cdot \frac{\overline{z}_2}{\overline{z}_2} = \frac{a_1 a_2 + b_1 b_2}{a_2^2 + b_2^2} + i \cdot \frac{a_2 b_1 - a_1 b_2}{a_2^2 + b_2^2}$

(4) $\overline{z_1 + z_2} = \overline{z}_1 + \overline{z}_2$, $\overline{z_1 \cdot z_2} = \overline{z}_1 \cdot \overline{z}_2$, $z \cdot \overline{z} = |z|^2$

Darstellung in Polarkoordinaten

Beschreibung durch Länge $r = |z| = \sqrt{a^2 + b^2}$
Richtung (Argument φ): $\tan \varphi = \frac{b}{a}$

$z = a + i\,b = r\,(\cos \varphi + i \sin \varphi) = r \cdot E(\varphi)$,
wobei $|z| = r = \sqrt{a^2 + b^2}$ und $\varphi = \arctan\left(\frac{b}{a}\right)$

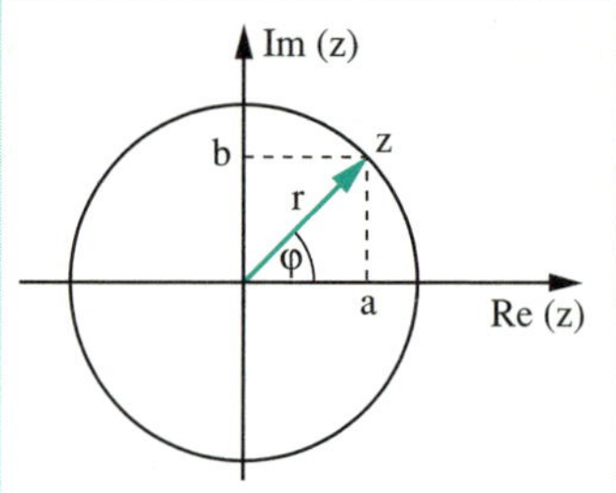

Rechenregeln

(1) $z_1 \cdot z_2 = (r_1 r_2) \cdot E(\varphi_1 + \varphi_2)$

(2) $z_1 : z_2 = \left(\frac{r_1}{r_2}\right) \cdot E(\varphi_1 - \varphi_2)$

(3) $z^n = r^n \cdot E(n\,\varphi)$ (MOIVREsche Formel)

(4) $E(\varphi) = e^{i\varphi}$ (EULERsche Gleichung)

Kreisteilungsgleichung:

$z^n = 1$ hat die n Lösungen

$e_k = \cos\left(k \cdot \frac{2\pi}{n}\right) + i \sin\left(k \cdot \frac{2\pi}{n}\right)$, $k = 0, 1, \ldots, n-1$ (*n-te Einheitswurzeln*)

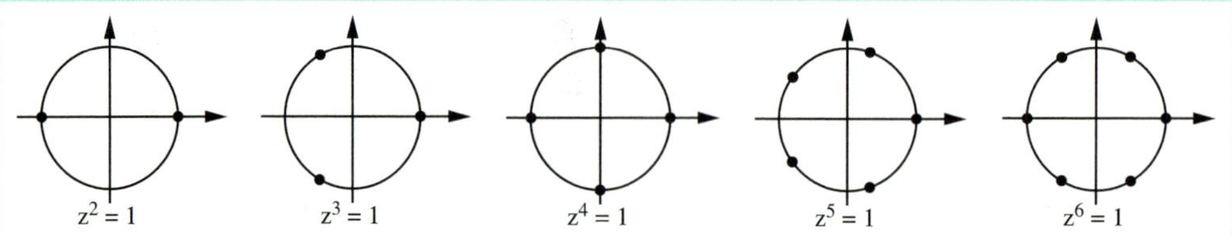

Basisgrößen

Größe	Zeichen	Einheit	Größe	Zeichen	Einheit
Länge	s	m (Meter)	Temperatur	T	K (Kelvin)
Masse	m	kg (Kilogramm)	Lichtstärke	I	cd (Candela)
Zeit	t	s (Sekunde)	Stoffmenge	ν	mol (Mol)
Stromstärke	I	A (Ampere)			

Abgeleitete Größen

Größe	Zeichen	Einheit	Größe	Zeichen	Einheit
Aktivität	A	Bq (Becquerel)	Geschwindigkeit	v	m/s
Arbeit/Energie	W	J (Joule)	Kapazität	C	F (Farad)
Beschleunigung	a	m/s^2	Kraft	F	N (Newton)
Brechkraft	D	dpt (Dioptrie)	Ladung	Q	C (Coulomb)
Brennweite	f	m	Leistung	P	W (Watt)
Dichte	ϱ	kg/m^3	Spannung	U	V (Volt)
Druck	p	Pa (Pascal)	Temperatur	ϑ	°C (Grad Celsius)
Energiedosis	WD	Gy (Gray)	Volumen	V	m^3
Fläche	A	m^2	Widerstand	R	Ω (Ohm)
Frequenz	f	Hz (Hertz)			

Auswahl physikalischer Größen und Formeln

Größe	Definition Formel	Einheit	Zusammenhänge Erklärungen
Mechanik			
Geschwindigkeit v	$v = \frac{s}{t}$	$\frac{m}{s}$	
Beschleunigung a	$a = \frac{v}{t}$	$\frac{m}{s^2}$	$1\ \frac{m}{s^2} = 1\ \frac{N}{kg}$
gleichmäßig beschleunigte Bewegung	$s = \frac{a}{2} \cdot t^2$	m	
	$v = a \cdot t$	$\frac{m}{s}$	
gleichmäßig verzögerte Bewegung	$s = v_o \cdot t - \frac{a}{2} \cdot t^2$	m	v_o = Anfangsgeschwindigkeit
	$v = v_o - a \cdot t$	$\frac{m}{s}$	
Bremszeit	$t = \frac{v_0}{a}$	s	bis zum Stillstand
Bremsweg s	$s = \frac{v_0^2}{2a}$	m	bis zum Stillstand
freier Fall	$s = \frac{g}{2} \cdot t^2$	m	g = Fallbeschleunigung (ortsabhängig, Mittelwert für Erdoberfläche: $g = 9{,}80665\ \frac{m}{s^2}$)
	$v = g \cdot t$	$\frac{m}{s}$	

Größe	Definition Formel	Einheit	Zusammenhänge Erklärungen
Mechanik			
Zentralkraft F_Z	$F_z = \frac{mv^2}{r}$	N (Newton)	m = Masse
Bahngeschwindigkeit v	$v = \frac{2\pi \cdot r}{T}$	$\frac{m}{s}$	r = Bahnradius T = Umlaufdauer
Frequenz f	$f = \frac{n}{t}$	Hz (Hertz)	n = Anzahl der Umdrehungen $1 \text{ Hz} = \frac{1}{s}$ $f = \frac{1}{T}$
Schwingungsdauer T	$T = \frac{t}{n}$	s	$T = \frac{1}{f}$
Dichte ϱ	$\varrho = \frac{m}{V}$	$\frac{kg}{m^3}$	
Kraft F	$F = m \cdot a$	N	$1 \text{ N} = 1 \text{ kg} \frac{m}{s^2}$
Gewichtskraft F_G	$F_G = m \cdot g$	N	
Federkonstante D	$D = \frac{F}{s}$	$\frac{N}{m}$	s = Längenänderung
Hookesches Gesetz	$F = D \cdot s$	N	
Reibungskraft F_R	$F_R = F_N \cdot \mu$	N	F_N = Normalkraft μ = Reibungszahl
Schiefe Ebene	$F_N = F_G \cdot cos\ \alpha$ $F_H = F_G \cdot sin\ \alpha$	N N	α = Steigungswinkel F_H = Hangabtriebskraft
Hebelgesetz	$F_1 \cdot a_1 = F_2 \cdot a_2$		F_1; F_2 = Kräfte am Hebel a_1; a_2 = Kraftarme
Drehmoment	$M = F \cdot q$		
Stempeldruck p	$p = \frac{F}{A}$	Pa (Pascal)	$1 \text{ Pa} = 1 \frac{N}{m^2}$
Schweredruck in Flüssigkeiten	$p = \varrho \cdot g \cdot h$		1 hPa = 100 Pa hPa = Hektopascal 1 bar = 10^5 Pa bar = Bar 1 mbar = 1 hPa mbar = Millibar
Auftriebskraft	$F_A = F_{GvF}$		F_{GvF} = Gewichtskraft d. verdrängten F.

Größe	Definition Formel	Einheit	Zusammenhänge Erklärungen
Mechanik			
Arbeit (Energie) W	$W = F \cdot s$	J (Joule)	1 J = 1 Nm = 1 Ws Ws = Wattsekunde
Reibungsarbeit W_R	$W_R = F_R \cdot s$	J	
Hubarbeit W_H (potentielle bzw. Lageenergie)	$W_H = F_G \cdot h$	J	h = Höhe
Gleitreibungsarbeit	$W = F_{Gleit} \cdot s$ $= \mu \cdot F_N \cdot s$		
Beschleunigungsarbeit W_B (kinetische bzw. Bewegungsenergie)	$W_B = \frac{m}{2} \cdot v^2$	J	
Spannarbeit W_S (Spannenergie)	$W_S = \frac{D}{2} \cdot s^2$	J	D = Federkonstante s = Längenänderung
Leistung P	$P = \frac{W}{t}$	W (Watt)	$1\text{ W} = 1\ \frac{\text{J}}{\text{s}}$ $\quad P = \frac{F \cdot s}{t}$
Wirkungsgrad η	$\eta = \frac{W_n}{W_a}$		W_n = genutzte Energie W_a = aufgewendete Energie
Optik			
Brechkraft D	$D = \frac{1}{f}$	dpt (Dioptrie)	$1\text{dpt} = \frac{1}{\text{m}}$ $\quad f$ = Brennweite (m)
Linsen- und Spiegelgleichung	$\frac{1}{f} = \frac{1}{g} + \frac{1}{b}$		g = Gegenstandweite b = Bildweite
	$B : G - b : g$		G = Gegenstandsgröße B = Bildgröße
Wärmelehre			
Celsius-Temperatur ϑ	ϑ	°C	0 °C = 273,15 K 0 K = –273,15 °C
Längenausdehnung Δl	$\Delta l = \alpha \cdot l \cdot \Delta T$	m	α = Ausdehnungskoeffizient ΔT = Temperaturänderung l = Länge bei 0 °C
Volumenausdehnung ΔV	$\Delta V = \gamma \cdot V_0 \cdot \Delta\vartheta$		γ = Volumenausdehnungskoeff.
allgemeine Gasgleichung	$\frac{p \cdot V}{T} = \text{konst}$		
Wärmemenge Q	$Q = c \cdot m \cdot \Delta T$	J	
spezifische Wärmekapazität (Artwärme) c	$c = \frac{Q}{m \cdot \Delta T}$	$\frac{\text{J}}{\text{kg} \cdot \text{K}}$	
1. Hauptsatz der Wärmelehre	$Q = \Delta U + W$ $= \Delta U + p_a \cdot \Delta V$		

Größe	Definition Formel	Einheit	Zusammenhänge Erklärungen
Elektrizitätslehre			
Elektrische Ladung Q	$Q = I \cdot t$	C (Coulomb)	$1\ \mathrm{C} = 1\ \mathrm{As}$
Elektrische Spannung U	$U = \frac{W}{Q}$	V (Volt)	$1\ \mathrm{V} = 1\ \frac{\mathrm{J}}{\mathrm{C}} = 1\ \frac{\mathrm{W}}{\mathrm{A}}$
Elektrischer Widerstand R	$R = \frac{U}{I}$	Ω (Ohm)	$1\ \Omega = 1\ \frac{\mathrm{V}}{\mathrm{A}}$
Widerstand eines Leiters	$R = \frac{\rho \cdot l}{A}$	Ω (Ohm)	ρ = spezifischer Widerstand $\left(\frac{\Omega\ \mathrm{mm}^2}{\mathrm{m}}\right)$ l = Länge des Leiters (m) A = Querschnitt des Leiters (mm^2)
Ohmsches Gesetz	$R = \frac{U}{I}$		$I = \frac{U}{R}$ $U = R \cdot I$
Reihenschaltung von Widerständen	$R_G = R_1 + R_2 + \ldots + R_n$ $U_G = U_1 + U_2 + \ldots + U_n$ $I_1 = I_2 = \ldots = I_n$		R_G Gesamtwiderstand U_G Gesamtspannung I_G Gesamtstromstärke
Parallelschaltung von Widerständen	$\frac{1}{R_G} = \frac{1}{R_1} + \frac{1}{R_2} + \ldots + \frac{1}{R_n}$ $U_1 = U_2 = \ldots = U_n$ $I_G = I_1 + I_2 + \ldots + I_n$		
Elektrische Leistung P	$P = U \cdot I$	W (Watt)	$1\ \mathrm{W} = 1\ \mathrm{VA}$
Elektrische Arbeit W	$W = U \cdot I \cdot t$	Ws	$1\ \mathrm{Ws} = 1\ \mathrm{J}$
Effektivwert der Spannung U_{eff}	$U_{eff} = \frac{U_S}{\sqrt{2}}$	V	U_S = Scheitelspannung
Effektivwert des Stromes I_{eff}	$I_{eff} = \frac{I_S}{\sqrt{2}}$	A	I_S = Scheitelwert des Stromes
Transformatorgesetze	$\frac{U_1}{U_2} = \frac{n_1}{n_2}$ $\frac{I_1}{I_2} = \frac{n_2}{n_1}$ $U_1 \cdot I_1 = U_2 \cdot I_2$		U_1, I_1, n_1 = Spannung, Strom und Windungszahl an der Primärspule $U_2; I_2; n_2$ = Spannung, Strom und Windungszahl an der Sekundärspule
Kapazität (Kondensator) C	$C = \frac{Q}{U}$	F (Farad)	$1\ \mathrm{F} = 1\ \frac{\mathrm{C}}{\mathrm{V}}$
Reihenschaltung von Kondensatoren	$\frac{1}{C_G} = \frac{1}{C_1} + \frac{1}{C_2} + \ldots + \frac{1}{C_n}$		C_G = Gesamtkapazität
Parallelschaltung von Kondensatoren	$C = C_1 + C_2$	F	

Größe	Definition Formel	Einheit	Zusammenhänge Erklärungen
Elektrizitätslehre			
Energie eines geladenen Kondensators W_C	$W_C = \frac{1}{2} CU^2$	J	
Transistor	$I_E = I_B + I_C$	A	
Stromverstärkung B	$B = \frac{I_C}{I_B}$		I_B = Basisstromstärke I_C = Kollektorstromstärke
Radioaktivität			
Nukleonenzahl A	$A = Z + N$		Z = Protonenzahl N = Neutronenzahl
Strahlungsaktivität A	$A = \frac{Zerfälle}{t}$	Bq (Becquerel)	$1\ \text{Bq} = \frac{1}{\text{s}}$ t = Zeit
Zerfallsgesetz	$N = N_0 \cdot e^{-k \cdot t}$		N = Anzahl der nicht zerfallenen Nuklide N_0 = ursprünglich vorhandene Nuklidenzahl k = Zerfallskonstante
Energiedosis W_D	$W_D = \frac{absolute\ Energie}{Masse}$	Gy (Gray)	$1\ \text{Gy} = 1\ \frac{\text{J}}{\text{kg}}$ 1 Gy = 100 rem
Äquivalenzdosis H	$H = q \cdot D$		q = Qualitätsfaktor

Chemische Elemente

Element	Zeichen	Ord. zahl
Actinium	**Ac**	89
Aluminium	**Al**	13
Americium	**Am**	95
Antimon	**Sb**	51
Argon	**Ar**	18
Arsen	**As**	33
Astat	**At**	85
Barium	**Ba**	56
Berkelium	**Bk**	97
Beryllium	**Be**	4
Bismut	**Bi**	83
Blei	**Pb**	82
Bor	**B**	5
Brom	**Br**	35
Cadmium	**Cd**	48
Cäsium	**Cs**	55
Calcium	**Ca**	20
Californium	**Cf**	98
Cer	**Ce**	58
Chlor	**Cl**	17
Chrom	**Cr**	24
Curium	**Cm**	96
Dysprosium	**Dy**	66
Einsteinium	**Es**	99
Eisen	**Fe**	26
Erbium	**Er**	68
Europium	**Eu**	63
Fermium	**Fm**	100
Fluor	**F**	9
Francium	**Fr**	87
Gadolinium	**Gd**	64
Gallium	**Ga**	31
Germanium	**Ge**	32
Gold	**Au**	79
Hafnium	**Hf**	72
Hahnium	**Ha**	105
Helium	**He**	2
Holmium	**Ho**	67
Indium	**In**	49
Iod	**I**	53
Iridium	**Ir**	77
Kalium	**K**	19
Kobalt	**Co**	27
Kohlenstoff	**C**	6
Krypton	**Kr**	36
Kupfer	**Cu**	29
Kurtschatovium	**Ku**	104
Lanthan	**La**	57
Lawrencium	**Lr**	103
Lithium	**Li**	3
Lutetium	**Lu**	71
Magnesium	**Mg**	12
Mangan	**Mn**	25
Mendelevium	**Md**	101
Molybdän	**Mo**	42
Natrium	**Na**	11
Neodym	**Nd**	60
Neon	**Ne**	10
Neptunium	**Np**	93
Nickel	**Ni**	28
Niob	**Nb**	41
Nobelium	**No**	102
Osmium	**Os**	76
Palladium	**Pd**	46
Phosphor	**P**	15
Platin	**Pt**	78
Plutonium	**Pu**	94
Polonium	**Po**	84
Praseodym	**Pr**	59
Promethium	**Pm**	61
Protactinium	**Pa**	91
Quecksilber	**Hg**	80
Radium	**Ra**	88
Radon	**Rn**	86
Rhenium	**Re**	75
Rhodium	**Rh**	45
Rubidium	**Rb**	37
Ruthenium	**Ru**	44
Samarium	**Sm**	62
Sauerstoff	**O**	8
Scandium	**Sc**	21
Schwefel	**S**	16
Selen	**Se**	34
Silber	**Ag**	47
Silicium	**Si**	14
Stickstoff	**N**	7
Strontium	**Sr**	38
Tantal	**Ta**	73
Technetium	**Tc**	43
Tellur	**Te**	52
Terbium	**Tb**	65
Thallium	**Tl**	81
Thorium	**Th**	90
Thulium	**Tm**	69
Titan	**Ti**	22
Uran	**U**	92
Vanadium	**V**	23
Wasserstoff	**H**	1
Wolfram	**W**	74
Xenon	**Xe**	54
Ytterbium	**Yb**	70
Yttrium	**Y**	39
Zink	**Zn**	30
Zinn	**Sn**	50
Zirkonium	**Zr**	40

Periodensystem der Elemente

Hauptgruppen

Periode	I	II		III	IV	V	VI	VII	VIII
1	1,008 H 1								4,00 He 2
2	6,94 Li 3	9,01 Be 4		10,81 B 5	12,01 C 6	14,00 N 7	16,00 O 8	19,00 F 9	20,18 Ne 10
3	22,99 Na 11	24,31 Mg 12		26,98 Al 13	28,09 Si 14	30,97 P 15	32,07 S 16	35,45 Cl 17	39,94 Ar 18
4	39,10 K 19	40,08 Ca 20	Nebengruppen	69,72 Ga 31	72,61 Ge 32	74,92 As 33	78,96 Se 34	79,90 Br 35	83,80 Kr 36
5	85,47 Rb 37	87,62 Sr 38		114,82 In 49	118,71 Sn 50	121,75 Sb 51	127,60 Te 52	126,90 I 53	131,29 Xe 54
6	132,91 Cs 55	137,33 Ba 56		204,38 Tl 81	207,19 Pb 82	208,98 Bi 83	(209) Po 84	(210) At 85	(222) Rn 86
7	(223) Fr 87	(226) Ra 88							

- feste Elemente
- gasförmige Elemente
- flüssige Elemente
- Grün: radioaktive Elemente
- G: künstliche Elemente

Atommasse
55,85
Fe – Elementsymbol
26
Ordnungszahl

Nebengruppen

Periode											
4	44,96 Sc 21		47,88 Ti 22	50,94 V 23	52,00 Cr 24	54,94 Mn 25	55,85 Fe 26	58,93 Co 27	58,69 Ni 28	63,55 Cu 29	65,37 Zn 30
5	88,91 Y 39		91,22 Zr 40	92,91 Nb 41	95,94 Mo 42	(99) Tc 43	101,07 Ru 44	102,91 Rh 45	106,42 Pd 46	107,87 Ag 47	112,41 Cd 48
6	138,91 La 57		178,49 Hf 72	180,95 Ta 73	183,85 W 74	186,2 Re 75	190,2 Os 76	192,22 Ir 77	195,08 Pt 78	196,97 Au 79	200,59 Hg 80
7	(227) Ac 89		(261) Rf 104	(262) Ha 105	(263) Unh 106	(262) Uns 107	(265) Uno 108	(266) Une 109			

Lanthanide/Actinide

Periode														
6	140,12 Ce 58	140,91 Pr 59	144,24 Nd 60	(147) Pm 61	150,36 Sm 62	151,97 Eu 63	157,25 Gd 64	158,93 Tb 65	162,50 Dy 66	164,93 Ho 67	167,26 Er 68	168,93 Tm 69	173,04 Yb 70	174,97 Lu 71
7	232,04 Th 90	(231) Pa 91	238,03 U 92	(237) Np 93	(244) Pu 94	(243) Am 95	(247) Cm 96	(247) Bk 97	(251) Cf 98	(252) Es 99	(257) Fm 100	(258) Md 101	(259) No 102	(260) Lr 103

Halbwertszeiten und Zerfallsarten

Element	Isotop	Halbwertszeit	Strahlung	Element	Isotop	Halbwertszeit	Strahlung
Wasserstoff (Tritium)	$^{3}_{1}H$	12,3 Jahre	β	Radium	$^{226}_{88}Ra$	1600 Jahre	α
Polonium	$^{196}_{84}Po$	5,5 Sekunden	α	Uran	$^{235}_{92}U$	700 Mio. Jahre	α
Radon	$^{220}_{86}Rn$	55,6 Sekunden	α	Uran	$^{238}_{92}U$	4,4 Mrd. Jahre	α

Auswahl chemischer Größen und ihrer Einheit

Größe	Einheit	Zusammenhänge Erklärungen
Energie E	J	$1\ \text{J} = 1\ \text{N} \cdot \text{m} = 1\ \frac{\text{kg} \cdot \text{m}^2}{\text{s}^2}$
molare Masse M	$\frac{\text{g}}{\text{mol}}$	1 mol enthält $6{,}022 \cdot 10^{23}$ Teilchen
Stoffkonzentration c	$\frac{\text{mol}}{\text{l}}$	

Umrechnungsfaktoren

Energie	J	cal	eV
1 J	1	0,2390	$6{,}242 \cdot 10^{18}$
1 cal	4,184	1	$2{,}612 \cdot 10^{19}$
1 eV	$1{,}602 \cdot 10^{-19}$	$3{,}829 \cdot 10^{-20}$	1
1 J = 1 N · m = 1 W · s = 1 V · A · s			

Druck	Pa	atm	mm Hg	bar
1 Pa	1	$9{,}869 \cdot 10^{-6}$	$7{,}501 \cdot 10^{-3}$	10^{-5}
1 atm	$1{,}013 \cdot 10^{5}$	1	760,0	1,013
1 mm Hg (Torr)	133,3	$1{,}316 \cdot 10^{-3}$	1	$1{,}333 \cdot 10^{-3}$
1 bar	10^{5}	0,9869	750,1	1
100 Pa = 1 hPa; 1 mbar = 1 hPa; 1 mm Hg = 1 Torr; $1\ \text{Pa} = 1\ \frac{\text{N}}{\text{m}^2}$				

Physikalische und chemische Konstanten

Gravitationskonstante	$f = 6{,}670 \cdot 10^{-11}\ \text{m}^3\ \text{kg}^{-1}\ \text{s}^{-2}$
Fallbeschleunigung	$g = 9{,}80665\ \text{ms}^{-2}$
Absoluter Nullpunkt	$T_0 = -273{,}15\ °\text{C}$
Physikalischer Normdruck	$p_0 = 101\,325\ \text{Pa}$
Boltzmannsche Konstante	$k = 1{,}38062 \cdot 10^{-23}\ \text{J}\ \text{K}^{-1}$
Avogadrosche Konstante	$N_A = 6{,}0221 \cdot 10^{23}\ \text{mol}^{-1}$
Molvolumen idealer Gase bei NB	$V_0 = 22{,}414\ \text{dm}^3\ \text{mol}^{-1}$
Gaskonstante	$R_0 = 8{,}3143\ \text{J}\ \text{mol}^{-1}\ \text{K}^{-1}$
Vakuumlichtgeschwindigkeit	$c_0 = 2{,}997924562 \cdot 10^{8}\ \text{ms}^{-1}$
elektrische Feldkonstante	$\varepsilon_0 = 8{,}85419 \cdot 10^{-12}\ \text{F}\ \text{m}^{-1}$
magnetische Feldkonstante	$\mu_0 = 1{,}25664 \cdot 10^{-6}\ \text{T}\ \text{m}\ \text{A}^{-1} = 4\pi \cdot 10^{-7}\ \text{H}\ \text{m}^{-1}$
Plancksches Wirkungsquantum	$h = 6{,}62618 \cdot 10^{-34}\ \text{J}\ \text{s} = 4{,}13570 \cdot 10^{-15}\ \text{eV}\ \text{s}$
Elementarladung	$e = 1{,}602 \cdot 10^{-19}\ \text{C}$
atomare Masseneinheit	$1\ \text{u} = 1{,}6605519 \cdot 10^{-27}\ \text{kg}$
Elektronenmasse	$m_e = 9{,}109 \cdot 10^{-31}\ \text{kg}$

Physikalische und chemische Konstanten

Neutronenmasse	$m_n = 1{,}6748 \cdot 10^{-27}$ kg
Protonenmasse	$m_p = 1{,}6725 \cdot 10^{-27}$ kg
Faraday Konstante	$F = 96\,485 \frac{c}{mol}$

Geographische und Astronomische Konstanten

Erde

Mittlerer Äquatorradius	6 378,140 km
Polradius	6 356,777 km
Äquatorumfang	40 075 km
Mittlerer Längenkreisgrad	111,137 km
Masse	$5{,}976 \cdot 10^{24}$ kg
Mittlere Dichte	$5{,}51$ g cm^{-3}

Sonne

Radius	696 000 km
Masse	$1{,}9891 \cdot 10^{30}$ kg
Mittlere Dichte	$1{,}41$ g cm^{-3}
Entfernung von der Erde	$1{,}4945 \cdot 10^{8}$ km
1 Lichtjahr	9,463 Billionen km

Mond

Radius	1 738 km
Masse	$7{,}35 \cdot 10^{22}$ kg
Mittlere Dichte	$3{,}35$ cm^{-3}
Entfernung von der Erde	384 000 km

Ausländische Einheiten

1 inch (in) = 2,54 cm
1 foot (ft) = 12 inches = 30,48 cm
1 yard (yd) = 3 feet = 0,9144 m
1 mile = 1,6093 km

GB
1 pint (pt) = 0,5679 Liter
1 quart (qt) = 2 pints = 1,1359 Liter
1 gallon (gal) = 4 quarts = 4,5435 Liter

US
1 pint (pt) = 0,4729 Liter
1 quart (qt) = 2 pints = 0,9458 Liter
1 gallon (gal) = 4 quarts = 3,7832 Liter

Dichte einiger Stoffe

feste Stoffe (in g/cm³)

Aluminium	2,70
Blei	11,34
Eis (0 °C)	0,92
Eisen	7,86
Glas (Fensterglas)	2,80
Gold	19,30
Holz (Eiche)	0,7
Kochsalz	2,15
Koks	1,4
Kork	0,24
Kupfer	8,93
Magnesium	1,74
Messing $\left(\frac{2}{3}\right.$ Kupfer$\left.\right)$	8,3
Nickel	8,8
Platin	21,4
Schwefel	2,07
Silber	10,5
Stahlbeton	2,4
Wolfram	19,2
Zink	7,12
Zinn	7,28

Flüssigkeiten (in g/cm³)

Benzol	0,88
Ethanol (Alkohol)	0,79
Glycerin	1,26
Heizöl	0,87
Milch	1,03
Quecksilber	13,55
Salzsäure (40 %ig)	1,2
Schwefelsäure (100 %ig)	1,83
Wasser (4 °C)	1,0

Gase (in g/l)

Chlor	3,215
Helium	0,179
Kohlenstoffdioxid	1,976
Kohlenstoffoxid	1,250
Luft	1,293
Propan	2,01
Sauerstoff	1,429
Schwefeldioxid	2,926
Stickstoff	1,251
Wasserstoff	0,089

Spezifische Wärmekapazität (in $\frac{J}{g \cdot K}$)

Alkohol	2,40	Blei	0,13	Glycerin	2,40	Quecksilber	0,14
Aluminium	0,90	Eis	2,09	Jenaer Glas	0,80	Wasser	4,19
Beton	0,84	Eisen	0,45	Kupfer	0,38	Zink	0,38

Linearer Ausdehnungskoeffizient

feste Stoffe (in $\frac{1000}{K}$)

Aluminium	0,024	Kupfer	0,017
Beton	0,012	Nickel	0,013
Blei	0,029	Porzellan	0,003
Eisen	0,012	Silber	0,020
Glas	0,009	Zink	0,026
Gold	0,014	Zinn	0,027

Spezifischer Widerstand

(in Ω mm²/m bei 18 °C)

Aluminium	0,028	Kupfer	0,017
Eisen	0,1	Porzellan	10^{20}
Glas	10^{16}	Silber	0,016
Konstantan	0,5	Wolfram	0,05

Zustandsänderungen

Stoff	Schmelztemperatur (in °C)	Siedetemperatur (in °C)
Alkohol	–114	78
Aluminium	659	2 447
Blei	327	1 750
Eisen	1 535	2 730
Gold	1 063	2 707
Kupfer	1 083	2 590
Luft	–213	–194
Schwefel	119	444
Wasser	0	100
Wolfram	3 380	5 500
Zink	420	907
Zinn	232	2 430

Spezifische Schmelzwärme (in $\frac{kJ}{kg}$)

Aluminium	402	Fixiersalz	94
Blei	25	Kupfer	205
Eisen	268	Naphthalin	148
Eis, Wasser	335	Quecksilber	12

Spezifische Verdampfungswärme (in $\frac{kJ}{kg}$)

Alkohol	858	Sauerstoff	214
Äther	844	Schwefel	294
Benzin	419	Stickstoff	201
Propan	427	Wasser	2 256
Quecksilber	302	Wasserstoff	467

Heizwerte von Brennstoffen

feste Stoffe (in $\frac{kJ}{kg}$)		flüssige Stoffe (in $\frac{kJ}{kg}$)		gasförmige Stoffe (in $\frac{kJ}{kg}$)	
Esbit	18,9	Alkohol	26,8	Erdgas	32,0
Holz	19,0	Benzin	44,0	Kohlenmonoxid	10,0
Koks	29,3	Heizöl	40,6	Propangas	46,5
Steinkohle	33,5	Spiritus	23,0	Wasserstoff	120,0

Nährwert von Lebensmitteln (in $\frac{kJ}{g}$)

Äpfel	2,10	Margarine	16,65	Pommes frites	7,10
Erbsen	15,50	Vollmilch	2,75	Reis, poliert	15,40
Kopfsalat	0,40	Hering	6,50	Teigwaren	16,30
Tomaten	0,75	Kalbfleisch	3,90	Vollkornbrot	10,00
Butter	32,40	Rindfleisch, mager	7,25	Coca Cola	1,50
Eier	6,15	Schweinefleisch, mager	6,00	Schokolade	23,65
Schmelzkäse	12,75	Kartoffeln	3,50	Zucker	16,50

Stichwortverzeichnis

Mathematik

Physik/Chemie